库区航道土质岸坡生态治理研究

马殿光　李华国　刘　新　钟春欣　编著

人民交通出版社股份有限公司
China Communications Press Co.,Ltd.

内容提要

本书针对传统航道岸坡治理方案在规划、设计、施工及管理过程中出现的生态问题，提出了小水位差库区航道土质岸坡绿色生态治理的理论及技术。在国内外已有航道岸坡生态治理的研究成果和工程实践经验的基础上，总结了航道岸坡绿色生态治理的概念和航道岸坡生态治理的材料，提出了航道岸坡生态治理结构设计技术，并对航道土质岸坡的植物空间配置模式开展了研究，在此基础上提出绿色生态航道护岸评价方法。同时以广西那吉库区航道岸坡生态治理示范工程为依托，进行工程应用，为小水位变幅内河航道土质岸坡生态治理技术的应用提供了借鉴。

本书内容新颖，逻辑缜密，概念清楚，实用性强，可供水运、水利部门从事工程设计、规划等工作的科技人员和相关专业院校师生参考使用。

图书在版编目(CIP)数据

库区航道土质岸坡生态治理研究 / 马殿光等编著. — 北京：人民交通出版社股份有限公司，2015.8

ISBN 978-7-114-12400-6

Ⅰ. ①库… Ⅱ. ①马… Ⅲ. ①水库 - 航道 - 岸坡 - 生态环境 - 环境保护 - 研究 - 中国 Ⅳ. ①X321.2

中国版本图书馆 CIP 数据核字(2015)第 164422 号

书　　名： 库区航道土质岸坡生态治理研究
著 作 者： 马殿光　李华国　刘　新　钟春欣
责任编辑： 孙　玺　牛家鸣
出版发行： 人民交通出版社股份有限公司
地　　址： (100011)北京市朝阳区安定门外外馆斜街 3 号
网　　址： http://www.ccpress.com.cn
销售电话： (010)59757973
总 经 销： 人民交通出版社股份有限公司发行部
经　　销： 各地新华书店
印　　刷： 北京鑫正大印刷有限公司
开　　本： 787×1092　1/16
印　　张： 8.25
字　　数： 190 千
版　　次： 2015 年 12 月　第 1 版
印　　次： 2015 年 12 月　第 1 次印刷
书　　号： ISBN 978-7-114-12400-6
定　　价： 35.00 元

(有印刷、装订质量问题的图书，由本公司负责调换)

前　言

在现代综合运输体系中，内河水运具有运能大、占地少、能耗低、污染小、安全可靠等特点，是实现国家经济和社会可持续发展的重要战略资源。内河航道土质岸坡，尤其是自然河流航道中下游的冲积性河段土质河岸，受自然和人为活动等因素影响，岸滩崩塌几乎是一种存在于世界上所有江河土质岸坡的自然现象，如欧洲莱茵河、美国密西西比河、西非尼日尔河等。我国江河以及运河中土质岸坡破坏坍塌也时有发生。航道岸坡失稳不仅破坏沿岸地带的建筑物，造成财产损失，同时，也侵蚀两岸的土地资源，危害航道通航条件，为船舶的正常通行带来诸多隐患。传统岸坡治理能满足航道护岸稳定性要求，而对河流航道的生态性要求则有待加强，未能有效保护河流的生态系统。20 世纪 80 年代，国外水利与生态环境方面的学者和技术人员对河道治理技术进行反思，而后提出相应理念和技术，如瑞士、德国等提出的“亲近自然河流概念”。河流的生态工程在德国称为“河川生态自然工程”，即河流工程建设应以接近天然河流为标准，保护河流生态系统，实现工程建设与自然发展的和谐统一。

随着社会经济的发展，生态工程建设的重要性越来越引起人们的重视。尤其在党的十八大以来，党中央高瞻远瞩、战略谋划，着力创新发展理念，大力建设生态文明，引领中华民族在伟大复兴的征途上奋勇前行，更是这种重视的集中体现。在内河航运工程建设时，需将生态环境要求贯彻于工程建设中，满足工程传统功能的同时，实现工程的生态属性，满足生态发展需求。目前，对于生态护岸技术国内外均开展过许多研究，主要集中在护岸材料的研发、结构形式开发等方面，但大多针对“个案”，能够指导工程实施设计的“共用”技术较少。为了能够更有效地指导水运工程护岸建设，并提高理论的实用性，作者抛砖引玉，在前人研究的基础上，提出库区土质岸坡生态治理的粗浅理论及技术，希望能够为内河水运生态建设提供微薄之力。由于生态岸坡治理涉及多个学科，而且还需多个水运工程进行不断检验和完善，加之编者水平有限，书中观点、理论难免有误，敬请读者批评指正。

本书中研究成果得到交通运输部科技项目《内河航道土质岸坡生态治理技术研究》(2011 328 224 1440)资助；广西西江开发投资集团有限公司宁武总经理、叶青部长、伍明标高级工程师，天津大学王元战教授研究团队、河海大学张玮教授研究团队给予帮助；河海大学硕士董伟良参与本书有关研究和资料整理。在本书出版过程中，交通运输部天津水运工程科学研究院领导和同事也给予很多帮助，在此作者向他们以及协助本书出版的同仁表示衷心感谢！

作　者

2015 年 3 月

于天津滨海新区

目　　录

目录

第一章　绪　　论

第一节　生态航道的基本概念

一、生态航道的概念

进入21世纪,我国进行了大量的基础设施建设,尤其是水运工程建设的蓬勃发展,在极大地推动国民经济发展的同时,也导致了部分河流存在较为严重的生态环境问题。目前我国的航道建设还缺乏保护生态环境意识,只注重航道的通航功能及护岸的岸坡防护功能,忽视了生态保护,考虑航道周边的历史与生态环境偏少。航道作为人类活动最为频繁的河流,其生态系统所面临的压力尤为巨大。近些年,航道的生态建设得到了一定的发展,但仍然存在一些问题,对“生态航道”内涵的理解还不够透彻。

(1)概念理解狭隘

许多学者认为生态航道就是指生态护岸,做好生态护岸工程就是做好航道的生态工程,这种观点弱化了生态航道的内涵。生态航道具有生态连续性,生态护岸只是涉及航道生态系统中的水陆生态系统,是整个生态航道系统工程的冰山一角,建设真正意义上的生态航道还有许多工作要做。

(2)重经验、轻理论

目前生态航道建设中“照葫芦画瓢”问题比较突出,对具体工程没有进行深入的调查研究,采用其他工程经验,缺少“具体问题具体讨论”的研究态度,使得航道生态工程与周边生态环境格格不入,造成资源浪费和生态的二次破坏。

(3)为绿化而绿化

随着国民经济的发展,生态环境问题越来越突出,航道的生态建设也得到进一步的重视,目前许多航道都进行生态工程建设。许多从事航道建设的人员认为,生态航道就是要在航道周边绿化、美化,以绿色草皮护岸为特点,达到亲近自然的景观效果,但实施过程中存在一些问题,如引进外来物种、动植物种类单一等,违背植物生理学、生态学的规律进行强制绿化,没有达到真正意义上生态航道的效果。

(4)护岸形式单一

河道护岸是河流与陆地的过渡地带,是各种生物活动的密集区,虽然目前采用了许多亲水、透空、多孔结构,但仍无法满足动植物的生存条件。由于航道沿线较长,涉及的生态系统较多,生态形式各异,如果整条航道全采用单一的设计指标、参数、结构,势必不利于生态多样性的发展。航道生态系统是一个复杂的组织结构,护岸结构在确保提供指标性物种生存栖息的前提下，还需兼顾其他物种，形成相辅相成、循环共生的生态系统。

由于我国经济的发展，水运工程建设还将持续相当长的一段时间，在建设过程中如何保护生态环境，降低对自然环境的破坏，这就需要认真研究生态航道的建设途径。生态航道的最终目的是寻求航道建设与生态建设的契合点，实现水路系统与生态系统可持续发展的统一。“生态航道”这一概念虽出现不久，但已受到多方关注。目前，许多生态航道项目陆续上马，然而关于生态航道的概念并没有明确的定义。生态航道的概念是生态航道建设的基础，它决定从什么角度、方向上认识“生态航道”，因此在建设生态航道之前，应深入探讨“生态航道”的概念、特征及其技术体系。

所谓“生态航道”，狭义上是指在满足通航安全基本要求的条件下，遵循自然发展规律，按照生态学原理进行设计、建造，注重人类活动与生态系统相互融洽，构建具有良好景观性、原始生态性、自我恢复能力、人水和谐的可持续发展河流；广义上是指构建环境友好生态航道的工程技术体系、设计理念和思维方式。

生态航道是在河流健康[1]和生态河流[2-5]的基础上提出的，是其延伸和细化，航道作为船舶、排筏可以通航的水域，更多地被人类加以利用与开发，人水和谐共处问题尤为突出。生态航道必须从全局出发，从“既满足当代人的需求又不影响后代人的利益”的思想出发，既能满足水路交通运输系统内部和综合运输体系的协调发展，又使航道与经济、环境和社会各系统的长期动态协调发展，保证生态航道的发展能力和持续的发展状态，以满足和促进国民经济的需要和社会的全面进步。

二、生态航道的基本组成

1. 生态航道的特征

生态航道由“生态”与“航道”组成，除具备一般航道的特征外，还要满足生态工程建设的要求。

(1)景观性

景观性是生态航道最直观、最易被人感知的特征，一方面带来美的感受，另一方面也维护自然生态系统的平衡。生态航道的景观性是“以人为本”的体现，满足了人们基本的视觉感受要求，促进了航道与周围环境景观相协调。

(2)安全高效性

生态航道的首要功能是水路运输，在运输过程中实现安全高效、节能减排、减少事故等目标是生态航道的基本条件。安全高效的运输环境和运输体系，加速航道有序运行，减少经济损耗和对航道沿线的生态破坏，既能满足人类日益增长的发展要求，又能增强对生态环境的保护。只注重生态建设的航道并不是真正意义上的生态航道，生态航道并非指让航道回归到原始状态，而是以生态学的理论及规律指导航道这一人工生态系统的建设，使其同时具有通航功能和自然生态功能，使其均衡发展，维持航道运输功能的可持续利用，保障生态自然及经济社会的可持续发展。

(3)生态性

生态性是生态航道区别于一般航道的主要特征。航道的生态性是指航道自身在满足通航功能的前提下，利用生态学理论指导生态航道的发展，在现有条件下取得最大的生态效益。航道的生态性一般包括如下几个方面。

①生态原始性。自然河流经过数十亿年的演变发展,达到了现今的平衡状态,受到各种因素干扰,不断调整形成新的平衡体系,一个新的平衡点的形成需要长时间的演化,逐步进入良性轨道。原始的生态系统能够长时间地存在,必然有其合理性,所以无论是河流自身的形态、生态结构等,还是周边生态系统,已处于一个可持续发展的状态。普遍认为:自然系统要优于人工系统;人类活动干扰前的自然状态优于干扰后的状态。因此,基于这种理念,生态航道的首选状态就是恢复工程前自然河流的河流形态及生态系统。

②生态连通性[3]。自然界的任何系统都不是孤立的,航道是整个生态系统中的一部分,是横向水陆生态系统、纵向河道生态系统、垂向水气生态系统和河底生态系统中的重要一环。生态连续性是指生态系统间能够进行物质和能量交换,提供物质代谢的原料,生态航道的建设不能破坏原有的交换通道,只有将生态航道放到整个生态系统中去考虑,才能使生态航道与整个生态工程相得益彰。

③生态多样性。生物多样性和丰富度是衡量生态航道水平的重要指标。一般认为,生物系统组织越复杂、越健康,生物群落就越丰富、越完整,系统也就越稳定。水是生命之源,航道作为地表水系统的一部分,联系着湿地、湖泊、海洋和草地等,是各种生物活动的密集区域。生态航道应为各种动植物提供舒适的栖息和生长环境。生态多样性是建立在河道形态异质性的基础之上,但可能会与安全高效性相冲突,需综合考虑。

④生态功能。以往航道建设只注重经济效益,即航道运输功能最大化,而忽视了生态功能的开发利用,造成航道的可持续能力较差。生态航道作为河流特色形式之一,在具备航运功能的同时,还应有河流本身所具备的各种生态功能及一定的自我修复能力,对于突发性的干扰能保持弹性、稳定性。

2. 生态航道的技术体系

生态航道并不是指传统意义上的绿色河流,生态航道的建设也并不仅仅局限于生态护岸工程,而是在航道规划、设计、施工及运营等各个过程中都需要考虑生态问题,各个过程之间相互联系、相互影响,形成环环相扣的关系。

(1)生态调查研究

航道建设项目立项应立足于扎实的调查研究和科学的分析论证。科学细致的生态系统调查,有助于指导航道生态建设的方向,加深对生态航道的理解,提高项目决策的科学性、合理性。每条河流都有其特定的生态系统,在航道的规划设计前需对原始河流的生态系统进行普查研究,分析水域的生态功能及生态承载能力,明确河流的生态敏感区,识别航道沿线生态系统中的指标性生物,研究其生活习性,分析工程前后对其影响。

航道是整个生态系统中的一部分,生态航道的建设不仅要考虑项目本身的生态影响,还需把它放到整个生态系统中,综合、系统地去考虑,明确其生态功能,在建设中需加以保护和修复。

(2)合理的生态规划设计

生态航道是个复杂的组织结构,涉及因素较多,生态航道建设应科学规划、精心设计。合理的生态规划设计应包括以下几个方面。

①总体规划设计。在满足通航安全的前提下,通航标准及参数的设定应考虑当地指标

性物种的生态需求;在满足通航的条件下,创造对指标性物种有利的流速、水深、流态,形成不同的流速带和紊流,促进水体净化;航线、航标等人类活动尽可能地远离生物日常生活以及产卵繁殖的水域;确定生态航道保护红线,规划出生态保护等具有生态功能的区域;若生态破坏不可避免,应经仔细调查研究,尽可能减小破坏程度,并在相邻适宜区域设立修补工程。

②护岸结构设计。生态护岸的坡面植被可以带来流速的变化,为鱼类等水生动物和两栖类动物提供觅食、栖息和避难的场所。护岸结构参数应因地制宜,应考虑到指标性生物的生活环境,同时也能兼顾到其他水上、水下物种的栖息环境,将花、草、乔、灌等合理配置,形成立体复合生态结构。

③船闸结构设计。船闸在一定程度上影响了生态连续性,阻碍生态系统间物质与能量的交换,导致物质与能量的时空分异,增加生态异质性。多数鱼类都有洄游的习性,这就要求在生态航道建设时尽量不建设对其有明显影响的闸坝等[4]。对于已有船闸或需设立的船闸,必须合理地设置鱼道,为鱼类洄游提供安全通道,从而保护生物物种多样性,保持生态平衡。

④物种选取配置。为了与周边生态相融洽,应利用生态位、种间关系、生物多样性、群落演替等理论,根据周围地形、地貌以及本土植物的生长特点选择动、植物种类,有效缩减建立生态新平衡点所需的时间,避免因引进外来物种可能造成的生态二次破坏。

(3)生态施工

生态施工主要指在航道建设过程中减小对于周围生态环境的扰动,在选择施工期、施工器械、施工方式时注重保护自然。由于航道施工多处于生态脆弱的区域,在保证采取的措施能对生态环境产生长期的保护、改善和修复作用的前提下,尽量采用生态工程技术,同时也应采取一系列修补措施,弥补施工过程中所造成的生态破坏。在施工过程中应设立独立环保监理体系,对疏浚[7]、护岸等工程建设的各个阶段进行环保监测,同时发动群众进行监督,做好群众举报服务。

(4)健全的管理组织与措施

航道是船舶通行水域,每时每刻都受到人类活动的影响,航道生态系统的恢复与完善是动态过程,需要长期健全的管理措施来维持生态系统的健康发展。航道部门的日常工作,除护岸之外,还包括航标维护、航道审批、船舶管理及更新、船闸管理、航政巡查等,每一项工作都与生态航道建设息息相关,而且彼此之间紧密联系,相辅相成。

污染是生态航道在运营过程中的头号天敌,治理污染是河流航道建设的前提和基础,航道中的污染物会对整个生态系统造成牵一发而动全身的破坏态势。在技术层面上,需加强对航道的监测,对危险品船舶加大监测力度,对事故易发段进行重点管理;推进船型标准化工程,淘汰水、空气及噪声污染严重的船只;建立完善的应急体系,快速应对突发污染事件[8];设立航道服务区,满足船舶加油、维修以及生活垃圾处理等需求[4]。

(5)科学、合理的评价指标体系

为了保护、减少人类活动可能对航道造成的危害,鼓励更多地进行生态航道的研究与建设,促进生态航道的健康、高效与可持续的发展,构建科学、合理的评价指标体系尤为重要。科学、合理的评价指标体系应包含“人、事、物”三方面的内容。

①有关部门的绩效评价体系。航道的生态建设是个长期过程，需要有关部门在日常管理、维护过程中加以关注，既应满足航运需求，也应兼顾航道生态系统的健康发展。在有关部门的绩效评价中加入生态航道指标，既能提升人员的生态航道意识，激发工作积极性，又能加强生态航道建设，促进航道可持续发展。

②生态航道建设过程的评价体系。以往评价一个航道建设工程，围绕设定的评价指标单就目标完成程度、项目实施效益、资金落实情况、资金使用情况等进行考虑，往往忽视了对生态环境的保护。评价一个方案、一个工程的优劣，不仅仅局限于经济方面，在系统范围内获得最高的经济和生态效益才是最优目标。

③生态航道自身的评价体系。针对航道生态水平的评价准则，其目的是评估在自然与人类活动双重作用下航道生态状况的变化过程，有助于及时了解航道的生态状况，进而通过管理、工程等措施，促进航道生态系统向良性方向发展。

第二节 航道岸坡绿色生态治理的内涵及特征

生态航道是一项复杂的技术体系，是融合水利工程学、环境科学、生态学、社会学和经济学等多学科的交叉综合性问题，需要长时间的调查研究。目前，生态航道的建设以岸坡治理为着眼点，旨在改善传统治理方式所带来的生态环境问题。传统的护岸工程在结构形式和材料选择上力求安全经济、施工简便，在使用上偏重防洪功能，忽视了河流的生态效应，对河流的生态及环境带来了难以估计的损害，使生态系统的健康和稳定性都受到不同程度的影响。主要表现在对河流生态多样性造成的胁迫、对水生态造成的胁迫、对河岸带陆域生态环境造成的胁迫以及对河道景观造成的胁迫 4 个方面。

岸坡绿色生态治理是在保障航道岸坡稳定的前提下，以缓解或消除护岸建设对河流生态环境的胁迫为目的，运用生态学、生物学等基本理论与方法，改变以往传统护岸建设在结构设计和材料选择上追求断面渠化和较小的水力糙率，在使用功能上侧重防洪固岸的做法，运用以植被措施为主导的生态技术手段寻求护岸的安全稳定、生态、景观功能的有机结合，重塑一个自然稳定和相对健康的开放的河流生态系统。

一、岸坡绿色生态治理的内涵

1. 指导思想

在深刻理解岸坡绿色生态治理的科学内涵时，必须遵循这样一个指导思想：岸坡生态治理首先应当具备保障岸坡稳定的基本功能，在此前提下将因护岸建设带来的岸坡开挖、硬化覆盖、原生植被破坏以及航道的维护和运营对河流生态系统造成的胁迫降至最小，进而寻求岸坡治理与生态、景观的高度统一，即达到人水和谐的更高境界。

2. 科学定义

岸坡绿色生态治理是在保障航道岸坡稳定的的前提下，以缓解或消除护岸建设对河流生态环境的胁迫为目的，运用生态学、生物学等基本理论与方法，改变以往传统护岸建设在结构设计和材料选择上追求断面渠化和较小的水力糙率，在使用功能上侧重防洪固岸的做法，运用以植被措施为主导的生态技术手段，寻求护岸的稳定、生态、景观功能的有机结合，重塑一个自然稳定和相对健康的开放的河流生态系统。

3. 具体内涵

岸坡绿色生态治理应包括结构形式、护岸材料、植被、景观、施工以及管理与维护等几个方面。它是一个完整的系统,不仅包括植物,也包括人类、动物以及微生物,系统内部之间以及系统与相邻系统(如陆地生态系统、周边经济系统、人文生活系统等)之间均发生着物质、能量和信息的交换,具有很强的动态性。在保证边坡稳定的基础上,增加生物多样性,提高航道周边生态可居性和景观性,努力营造健康的河流生态系统。

①合理设计结构形式。结构形式是护岸建设的一个关键环节,直接关系到岸坡的安全与稳定。护岸结构必须安全、稳定和可靠,能够保护河岸,防止水土流失、船行波冲刷、船舶撞击破坏等。

②因地制宜选择护岸材料。护岸材料的选择与护岸的生态性能息息相关。在保证航运基本功能的前提下,护岸工程宜通过工程措施和生物措施的有机结合,因地制宜地实施生态护岸工程。

③合理运用植被措施。植被措施是否运用得当,直接关系到岸坡的生态治理的成功与否。从植被种类的选择、空间的合理配置直至后期养护,对于构建具有生态功能的岸坡系统具有重要意义。

④航道的景观与水质。航道生态系统包括水下与水上两部分,水上部分与护岸构成航道周边景观系统,水下部分为航道中丰富的种群提供良好的栖息地,为生物的新陈代谢、种群繁衍提供良好的生存环境。从航道驳岸与外部的关系来看,航道驳岸带属于过滤交错区。水上部分与相邻生态系统(包括陆地生态系统与河流生态系统)间通过诸如水流冲刷、陆地雨水径流、污染径流等复杂的相互作用,使得两者之间进行着复杂的信息、能量和物质交换,从而保证驳岸系统与周围生态系统的相互协调和共同发展。

⑤生态施工。生态施工主要指在护岸工程建设过程中对于周围环境、水环境的扰动,包括施工期选择、施工器械、施工方式等因素。由于护岸施工多处于生态脆弱的区域,在保证采取的措施能对生态环境产生长期的保护、改善和修复作用的前提下,在施工期,也应采取一系列措施,减少对施工现场及现场周边区域的生态干扰。

⑥健全的管理组织与措施。河道生态系统的恢复与完善是动态的,受自然条件与人类活动的影响,因此,需要长期优良的管理措施来维持生态系统的健康发展。

综上所述,岸坡绿色生态治理的科学内涵包括结构形式设计合理、因地制宜选择护岸材料、合理运用植被措施、航道的景观与水质、生态施工和健全的管理组织与措施6个方面的内容,同时具备安全性、绿色性、生态性、景观性和人水和谐的特点。

二、岸坡绿色生态治理的特征

岸坡绿色生态治理的构建起源于河流的生态修复,在河道治理工程中,人们提出了“生态型”河道概念,在实践—理论—实践的探索中逐渐形成。在河道治理工程中,过去往往只注重“泄洪、排涝、蓄水、航运”,随着社会的发展,河道的功能发生了巨大的改变,人们对景观、休闲、生态等功能的要求越来越高。

在满足护岸工程固土护坡功能的前提下,岸坡绿色生态治理的理念主要是采用生态手段对河岸带进行综合开发、利用和保护，将工程措施与生物措施相结合，通过生态系统自我修复能力和人工辅助相结合的技术手段，选择合乎环保要求的材料和工艺，将河流本身与航运结合起来，力求恢复河岸生态系统合理的内部结构及其景观格局。或者说，岸坡绿色生态治理通过工程及生态措施治理后可满足固土防冲、岸坡稳定的生态护坡治理。因此，绿色生态岸坡应具备以下主要特征。

①安全性，满足护岸工程的基本功能。岸坡的稳定与安全是保障其航运功能和河流生态系统健康和正常功能的基本前提。航道岸坡的稳定性对维护河势稳定、保障通航安全具有重要意义。采用植被技术对岸坡进行绿色生态治理，其前提是必须保证岸坡结构的工程稳定性，同时对降雨造成的坡面侵蚀进行有效控制。

②绿色性，以植被措施为主导技术，满足"绿色"的视觉需求。绿色生态岸坡应当充分发挥植被自身的天然防护功能，并通过植被与人工材料的有效结合来提高护岸工程的工程性能。

③生态性，与生态环境协调，满足河流生态系统的基本要求。航道属于河道的一部分，河道生态系统存在两个层面的理解：一是体现在河道本身的连通性；二是从河道与岸边土壤、植物生态系统的相融性来理解。在评价岸坡治理的生态性时，重点在于护岸工程建设是否增加了对河流生态系统的胁迫。

④景观性，与周围环境景观协调，满足对水体景观的基本需求。

⑤人水和谐，满足人民良好的亲水性。城市中心区域的航道建设要充分考虑城市居民的要求，建设一些与城市整体景观相和谐的河流公园、水景游廊等开放式的公共水景空间，使之成为最引人入胜的休闲娱乐场所。对非中心区域的航道或乡村航道，要以回归自然作为生态护岸建设的主流，以维护水生态系统的连续性和完整性，保护生物多样性，维护生态系统平衡，构筑生物栖息的生态廊道，给人们提供舒适的休闲郊游空间的水域环境，保障人类自身健康发展，支持社会可持续发展。

因此，岸坡绿色生态治理不是简单地保护自然环境，而是在满足通航条件和采取必要的防洪、护岸等措施的同时，将人类对河流环境的干扰降低到最小，与自然共存。人类本是自然的一部分，今后的河流、航道建设，将不再是单纯保护人类生命和财产的建设，而是尊重地域自然环境，珍视哺育文化与自然共生的河流建设。自然环境丰富的河流是人类的生存基础和人类文明的源泉，让这样的河流世代永存，是我们肩负的使命。

第三节 河道岸坡失稳的概念及类型

一、河道岸坡失稳的概念[9]

岳红艳[10,11]定义崩岸为河道平面变形的具体表现形式，徐永年[12]定义崩岸为河床演变过程中水流对堤岸冲刷、侵蚀发生发展积累的突发事件，而马海顺[13]认为崩岸是特定条件下(如大洪水或下游河势发生较大变化，河道局部地段突变)出现的剧烈横向变形。相对而言，第二种崩岸的定义更确切、完整。简单地说，崩岸就是岸坡在多种因素共同作用下积累发展的一种向河道内侧崩塌破坏的现象。

唐日长[14]等根据荆江河道实测资料，分析影响弯曲河道中凹岸崩坍强度的主要因素：①作用于河床的水流强度，包括水流动量及其持续时间、水流流态、含沙浓度等；②河岸土质组成，包括岸土松散程度及其所占的比值；③河床形态，包括弯曲半径、滩槽高差等。并认为汛期水流对崩岸起着主要作用，崩岸强度主要决定于水流输沙能力。同一河弯不同时段的崩岸强度 ΔW 随着该时段的平均流量的平方及其持续时间即 $Q^{-2}\Delta t$ 的增大而增大；对于二元相结构的河岸，崩岸强度随着河岸沙层厚度与岸滩高度的比值即 h/H 的增大而增大；当凹岸弯曲半径减小到一定程度使汛期水流动力轴线偏离凹岸时，将减弱崩岸的强度。

王家云、董光林[15]都认为安徽河段崩岸的主要影响因素是水流作用、河岸地质条件及高低水位的突变产生的外渗压力。王家云、董光林[15]还认为护岸工程标准低、质量差也是造成崩岸的重要因素。吴玉华、苏爱军[16]等人针对江西省彭泽县马湖堤 19 年发生的两起大崩岸事件，提出崩岸的主要原因在于不利的地质结构、水流对岸坡的长期冲蚀淘刷、主流迫近江岸、堤内鱼塘积水、长江水位降落较快以及上部加载和砂土震动液化等因素综合作用造成的。张引川[17]等认为造成长江下游窝崩的主要因素是：①水流条件。在水深流急、单宽流量大的条件下，在河岸抗冲薄弱的部位淘刷后，形成强大的回流，对河岸造成剧烈的冲刷。②土质条件。窝崩的发生与河岸黏性土覆盖层的厚度以及河床质粒径粗细有关。③河岸抗冲不连续性条件。在水流冲刷强度相同的情况下，当河岸抗冲性沿程比较连续时，岸线基本上平行后退，岸线平面形态呈“锯齿形”；当河岸局部建有丁坝、矶头等建筑物或河岸抗冲性不连续时，河岸有可能形成“鸭梨形”或“口袋形”的窝崩。

冷魁[18]认为地下水运动对崩岸仅起抑制或促进作用，长江下游发生窝崩处不可能是由于渗透压力造成较大的土体大规模窝崩，也不可能是由于振动液化造成窝崩。他认为窝崩大多数发生在汛后或枯水季，其主要原因是：汛后水流逐渐归槽坐弯，由于水流动有减少，其运动所需的曲率半径也变小，从而使得河道主流流路随流量的减小而变得越来越弯曲，主流顶冲江岸，且由于枯水季流量变幅小，顶冲点较为稳定，从而使得弯顶处河床刷深、深槽楔入。

李宝璋[19]在分析长江南京河段窝崩成因时，提出形成窝崩的动力是大尺度纵轴（水流方向）螺旋流。螺旋流从面层分离出近似窝崩口门宽的一股流量，以大于两旁的流速进入口门内，接着转变为竖轴螺旋流，形成高速回流，由面层向底层运动，对窝底有强烈的下切冲刷力，从底部带走大量泥沙向窝外运动，又归入河床内纵轴螺旋流底层。此外，窝崩时产生的次生流能量，如异重流作用、土体崩塌的冲击力、河床内底层螺旋流的吸引力，对窝崩起辅助作用。同时还指出，窝崩是泥沙运动的结果，都发生在江岸上层为亚黏土或淤泥质亚黏土，下层为厚粉细沙层的地段，时间大多在汛期高水位较长持续期间，并认为河床内深槽不断刷深并逼近岸边是发生窝崩的条件和信号，这一观点与冷魁的观点相似。

黄本胜[20]等认为引起岸滩失稳的主要因素有：①岸滩土体本身的物理性质、状态指标、强度指标及其变化；②河床的冲刷深度；③河道水位的变化及引起的渗透水压力等。并引入边坡稳定分析和渗流计算方法，对各主要影响因素进行了敏感性分析。认为导致崩岸的主要原因是水流对河床和河岸的冲刷、土体本身的物理力学指标和外界因素的扰动。最后还提出了建立冲积河流岸滩稳定性计算模型的思路。

美国学者 D. B. Simons 等[21]认为影响河岸侵蚀的主要因素有：①水力参数；②河床与河

岸物质组成的特性;③河岸土体的物理特性;④风浪影响,包括风力和渗透力;⑤气候影响,包括冰冻、化冻、永冻层等的影响;⑥生物影响,包括植被和动物活动的影响;⑦人类活动的影响。西蒙斯等提出,对于较宽的河道,河岸水流剪切力的最大值约为河底剪切力的0.77倍,而其他各项影响因素之和在最不利的情况下仅为河底剪切力的0.6倍,所以认为水力参数是最主要的影响因素。此外,美国具有丰富经验的工程师与地质学家们认为,在许多河流中,所有重要岸线侵蚀的90%~99%是发生在主汛期,这也说明了水力因素在河岸遭到侵蚀及至崩坍过程中起主导作用。R. GMillar 等[22]在 H. Hchang 等学者建立的砂砾石河流的河岸稳定性模型基础上,认为河岸泥沙压实、与细沙掺混及与底部大量的泥沙黏结都会增加河岸的稳定,提出河岸泥沙的中值粒径 D_{50bank} 和摩擦休止角 φ 是河岸稳定性分析的关键参数,并着重分析了河岸的植被情况与摩擦休止角 φ 的关系。

二、河道岸坡失稳的分类[23,24]

河床与河岸物质组成复杂,它们与水流相互作用,构成一个错综复杂的系统,因而在不同河流或同一河流的不同河段上以及不同河型条件下,造成河岸侵蚀以致崩岸,其外在表现和形成机理也会不同。人们习惯按崩岸后的平面表现形态来划分崩岸类型,这样比较直观。当然,我们也可以按崩落体变形特点来划分或者按照土体崩塌发生过程表现特征的差异来划分。具体如下。

1. 按崩岸的平面表现形态来划分

崩岸从形式上可以分为滑落式和倾倒式,滑落式崩岸的破坏过程是以剪切破坏为主,主要分为主流顶冲产生的窝崩和高水位下的溜崩;倾倒式崩岸的破坏过程主要是拉裂破坏,主要分为主流顺岸贴流造成的条崩和表面侵蚀产生的洗崩。

(1)窝崩

窝崩是河岸大面积土体的崩塌,崩塌长度和宽度相当,平面上呈窝状,这类崩岸具有突发性,往往会造成巨大的灾难。窝崩是长江中下游最常见的一种崩岸形式,多发生在土体抗冲能力很差且岸坡抗冲能力沿程不连续条件下弯道处的迎流顶冲部位,尤其是位于上下游均有较强抗冲能力的河岸,其间更容易发生局部淘刷,引发窝崩;有时,由于堤脚局部护坡基础埋深不足,导致基础下部淘空而造成窝崩。窝崩主要位于弯道顶部及其下游侧。在曲率较小的河道处或岸坡抗冲能力沿程较均匀的条件下,崩窝在平面上一般呈近半圆的"香蕉形",崩进宽度约为口门长度的一半;而在曲率较大或非连续护岸工程间歇处则发生"鸭梨状"的崩窝,其崩进宽度一般大于口门长度。窝崩发生的特征是窝变咀,再由咀变窝,相互交替,深泓逼近,岸槽高差悬殊,突发性强,同时水流方向和江岸夹角不同,窝崩发展规律也有大小缓急的区别。

(2)溜崩

洪水季节一般水位较高,当河岸长时间浸泡后引起土体强度下降,则可能引发潜在滑动面向下溜崩。而在水位快速下降过程中,由于土体内部渗透水流外渗,渗透水压力引起河岸溜崩。岸坡土层分布多呈"二元"结构,即由上层为抗冲能力较强的黏性土或亚黏土覆盖层和下层为透水性强的沙质壤土或砂土组成。由高水位向低水位转化时,上部堤岸水压力消失,水向堤外渗出,则可能引发潜在滑动面向下溜崩。

(3)条崩

条崩是由于河岸上层黏性土层较薄或土壤较为松散,在水流冲刷作用下,临空面增大或者形成陡坎,致使小块岸滩在平面上呈条状倒入河中,岸线逐渐后退。由于主流贴近河岸,对坡脚造成冲刷,临空面增大或者形成陡坎。对自然河岸来说,当上部地层是固结程度较高的黏性土,而坡脚地层是较为松散的砂土时,常常造成淘空而引起岸坡纵向产生整体崩塌。这种上下层土质强度相差较大并且纵向抗冲能力较连续的河岸,容易形成条崩。坡脚长期处于水下,在坡脚组成是以粉细砂为主的情况下,抗剪强度极低。在底部纵向水流和环流的影响下,水流不断冲蚀坡脚,致使坡脚淘空,上部岸坡(主要是黏土层)拉裂倾倒是形成条崩的主要原因。条崩在河流崩岸中普遍发生,其特点是岸槽高差大,崩岸呈条状崩塌,岸线逐渐崩退,发生较为频繁,一般出现在汛后枯水期。

(4)洗崩

洗崩主要是在宽阔水域或滨海地带因风浪作用对岸滩产生的一种侵蚀现象。在湖泊、水库和海岸的崩塌中,当水面和岸坡的高差较小时,波浪越过堤岸顶部,冲刷堤岸,以及长期承受水流、风浪及船行波等作用,或者当堤防顶部发育有张裂隙或张裂缝因雨水充填而引发堤防局部崩塌,最终表现为阶梯斜坡状。这种由波浪或雨水冲洗形成的崩塌称为洗崩。在高水位时,波浪越过堤顶,冲刷堤面,形成堤面浅沟状侵蚀。靠近坡面 1m 左右范围为非饱和区,存在负孔隙水压力,在负孔隙水压力作用下,岸坡处于稳定状态,但不断受到波浪冲刷和暴雨侵蚀浅沟,负孔隙水压力消失,发生洗崩。其特征是当风浪或潮流冲击岸坡时,水流分散冲击整个岸坡,多以碎块的形式崩塌。洗崩在大江大河普遍存在,各种水情时均会出现,因而分布广、发生频率高,在内河土质岸坡随处可见。

在上述 4 种崩岸类型中,窝崩的强度最大,溜崩次之,洗崩的强度最小。主要崩岸段大都属于窝崩,主要分布于弯道顶部和下部。条崩多位于深泄近岸,且平行于岸线不直接顶冲的河段。洗崩主要位于江面开阔河段,特别是河口段,受风浪洗刷而崩塌的较多。

2. *按崩落体受力破坏特点划分*

长江中下游干流河道岸坡经常产生不同程度的变形失稳,较强烈的河段则产生崩塌现象。刘红星按照崩落体变形特点将崩岸分为 3 大类型:侵蚀型、崩塌型和滑移型,并将塌陷型归入崩塌型,但是由于塌陷型的特殊性,其破坏发育过程与崩塌型明显不同,所以将其单独归为一类。这样,崩岸可以分为 4 大类型:侵蚀型、崩塌型、塌陷型和滑移型,其中崩塌型和滑移型是崩岸的主要方式,塌陷型和滑移型主要针对特殊地质条件而言。

(1)侵蚀型

侵蚀型多发生于土体结构较好、抗冲性能强的较顺直河段岸坡,它主要受水流、风浪及船行波等的长期侵蚀、浪蚀、地表水流及外营力等作用,在长时间的积累下引起岸坡的缓慢后退。它是近似库岸再造的一种河岸再造方式,是一种稳定性较好的岸坡存在的较普遍的变形改造方式,多出现在岩质、硬土质及少量单一黏性土层的岸坡地段。

(2)崩塌型

崩塌是岸坡在水流冲刷、浪蚀等作用下,一定范围的土体与原来整体的岸坡土体分离并产生垂直运动为主的破坏方式,它的显著特点是垂直位移大于水平位移,并与土体的自重直接相关,其分布范围大、涉及岸线长。据不完全统计,中下游河道岸坡中崩岸地段 80% 是崩塌型，它可进一步划分为冲刷浪坎型和坍塌后退型两类。

(3)塌陷型

塌陷是岸坡土体因下伏空洞或局部凹陷而引起周围土体在自重力和地下水静、动水压的作用下由四周向中心产生的一种破坏形式。当前有关岩溶塌陷的成因观点较多，其中地下水潜蚀说被广泛用于解释岩溶塌陷现象。该理论认为，塌陷的最主要原因是石灰岩被弱酸性地下水溶解和侵蚀，形成空间，当空间扩大到顶部支撑结构点被破坏时，产生地表塌陷。由于降雨变化而引起地表径流和地下水位改变是发生塌陷的主要因素之一。这种形式在长江中下游干流河段出现的概率很小，但在湖北黄石—武穴间及江西彭泽、安徽铜陵—马鞍山等部分河段有灰岩存在，具备产生此种破坏形式的地质基础。

(4)滑移型

滑移是岸坡土体在自重力、地下水及江河水位、水流等因素的共同作用下，沿某一破坏面(多为软弱面)产生的一种以水平运动为主的破坏形式，大部分窝崩属于此类型。按照滑移面空间形态及作用方式的差异，将其分为整体性滑移型和牵引式滑移型两类。

3. 按土体破坏过程表现特征的差异来划分

根据土体破坏过程表现特征的差异，可将滑移型分为突然失稳型、渐进破坏型和复活蠕滑型3类，其破坏的力学机理和发生过程是有显著差异的。土的状态可分为剪胀型、减缩型和临界状态型。如果岩土体的应力应变模式为硬化型，则只可能发生突然失稳型破坏；而渐进破坏型只能发生在坡体岩土体为应变软化型的情况下。

(1)突然失稳型

突然失稳型是指坡体破坏之前没有明显变形迹象，发生过程所需时间非常短促。从变形和破坏机制来考虑，突然滑动型似乎意味着整个滑动面上土体的抗剪强度同时得到最大程度的发挥。然而从力学上考虑，无论坡体发生任何突然的滑动破坏，在滑动之前的一瞬间，滑动面上各点的剪应力与抗剪强度的比值总是有差别的，因此滑动破坏总有一个从局部扩展到整个滑动面的过程，只不过这一过程历时极短，不易被人察觉而已。例如洪水猛涨、水位骤降和强烈地震引发的坡体破坏多属于这类。

(2)渐进破坏型

渐进破坏型则与突然失稳型相反，坡体的发育表现出较明显的逐渐破坏过程。破坏发生前，在坡体及其表面一般会出现局部变形和破坏，如环状裂缝、局部沉陷和隆起等。渐进破坏型滑坡的起因主要是由于斜坡土体抗剪强度的逐渐降低。滑坡发生之前，滑动面局部抗剪强度已得到最大限度的发挥，但斜坡在整体上仍可满足静力平衡条件。只有当外部环境因素如水位、降雨、应变软化和风化作用等，促使滑带土的抗剪强度持续降低，直到静力平衡条件得以破坏，滑动面完全贯通，滑坡才能开始全面启动。这样，从局部破坏到整体破坏需要经历相当长的时间，有的甚至长达数十年。

(3)复活蠕滑型

复活蠕滑型滑坡与上述两者有较大的差异，主要发生于具有滑动薄弱面的岸坡，如老滑坡复活或存在软弱夹层。此时滑带土已达到残余状态，其应力应变特性为明显的延性(塑状)性状。滑体的蠕滑速率往往与外界环境因素的变化，如降雨因素变化，具有明显的相关性，且在时间上呈明显滞后特点。该类破坏一般表现为深层滑移。

三、河道岸坡失稳的机理分析[23,24]

崩岸是河流淘刷，岸坡崩塌交替作用反复循环的一个过程。土体中的坡脚被水流冲掉后，其余部分塌入河中，河水继续破坏暂存的岸滩从而形成崩岸。

河流崩岸是来水来沙条件、河道冲淤演变、岸边土壤地质构造等诸因素共同作用的结果。其中，河岸土质条件是崩岸发生的内因，河势水流条件是崩岸发生的外因。从总体上讲，水流、地质以及河床边界条件是造成崩岸的主要原因。但针对具体河段，由于河床组成、河岸边界条件的不同，各河段崩岸的具体原因又有所不同，即可能的情况为：在某一河段，水流因素是江岸崩塌的主要原因，其他因素仅起着次要作用；对另一河段，水流因素可能不是主要的，而河岸组成或其他因素则是造成崩岸的主要原因。

河岸的地质土壤因素是发生崩岸一个不可分割的内因，崩岸常发生在抗冲能力极差的土质岸坡，土体的渗透性和保水性直接影响着渗透力的大小，而且影响管涌的发生，是岸坡失稳的关键因素。另外，土体在动水压力下形成的渗透液化或剪切液化也可能诱发崩坍。

1. 土质河岸的组成及分类

岸滩实际上就是自然形成或人为修建于河流两侧、海洋、湖泊和水库周围等处的堆积体，它约束控制水流的运动。结合岸滩的地貌特征，根据岸滩约束控制水流种类的不同，可以分为河岸滩、海岸滩、湖泊岸滩和水库岸滩，其中河岸滩是最为普遍遇到的一种。

从河岸的组成物质的不同，可把河岸分为基岩河岸、岩土河岸和土质河岸，其中土质河岸主要由更新世沉积物或近代冲积物组成。如果河岸主要由更新世沉积物组成，则这类河岸一般分布在山区丘陵地区的河流中，通常为阶地的边坡，其抗冲性比较强，稳定性也较大，因而不易受水流冲刷。如果河岸主要由近代冲积物组成，则这类河岸主要分布在平原地区的河流中，一般为河漫滩、边滩及江心洲的边坡。它们的抗冲性比较弱，在水流作用下很容易发生变形。由近代冲积物组成的土质河岸主要位于冲积河流的中下游段，如黄河下游、长江中下游及渭河下游的河道中，分布着大量的这类土质河岸。

对于冲积土质河岸，又可根据其土质不同而划分为非黏性土河岸、黏性土河岸和混合土河岸。

（1）非黏性土河岸

河岸土体组成在垂向上的分层结构不明显，主要由砂和砂砾组成，并且其中值粒径 $d_{50} > 0.10$mm。如渭河下游咸阳河段，滩岸结构单一主要由砂土组成，中值粒径约为 0.36mm，属于典型的非黏性土河岸。

（2）黏性土河岸

河岸土体组成在垂向上的分层结构不明显，主要由细砂、粉粒、黏粒和胶粒为主要组成，并且其中值粒径 $d_{50} < 0.10$mm。如黄河下游的孙口河段，其滩岸土体主要由亚黏土组成，中值粒径为 0.02 ~ 0.06mm，属于典型的黏性土河岸。

（3）混合土河岸

河岸土体的组成具有很明显的垂向分层结构，一般上部为黏性土层，下部为非黏性土层。如下荆江两岸的土质河岸通常呈二元结构，属于典型的混合土河岸。该河岸上部为黏性土层，下部为深厚的中细沙层。对于平面摆动较为频繁的弯道，河岸中的黏性土层较薄，其厚度只有 2～3m；对于较为稳定的弯道，河岸中的黏性土层厚度可达 20～30m。

2. 崩岸的水流因素

水流因素即流势和流态，是造成河段崩岸的重要外在条件，主要反映在以下几个方面。

(1)主流顶冲的影响

主流顶冲对崩岸的演变关系极大，江河弯曲及分汊为主流顶冲岸滩创造了极为有利的条件。弯道河段在洪水期，一般主流线趋中趋直，顶冲点在弯顶稍下处；枯水期水位下降，主流线走弯靠岸，顶冲点上提。这种主流顶冲点的上提下挫，主流线的离岸远近以及与岸线交角的大小，决定着崩岸的演变过程和规律。弯道水流主流线变化特点见图 1-1。主流变化可分为进口区、变异区（洪枯水流顶冲区）、常年贴流区（常年集中顶冲区）和出口区。其中变异区和贴流区是崩岸发生的主要部位，当岸滩满足可冲刷条件时，就会发生淘刷，岸坡变陡，发生崩岸。如长江安徽段河道多分汊，江岸弯曲，这就为主流顶冲造成极为有利的条件。汛期大洪水时，由于水大流速急，主流线趋直，对弯道顶点（弯顶）下游处江岸顶冲厉害，当这种江岸满足可冲刷条件时，就会发生淘刷，岸坡变陡，从而形成崩岸。另外，崩岸的强弱还与主流线和江岸夹角大小有关，交角越大，主流顶冲能力越大，相应江岸崩坍越强烈。据统计，1995 年、1996 年连续大水期间，因主流顶冲原因造成了安庆河段马窝、官州河段官洲尾下等 11 处崩岸。下荆江河段也是蜿蜒曲折，给主流顶冲创造了好的条件，造成多次河岸崩塌及岸坡失稳事故。

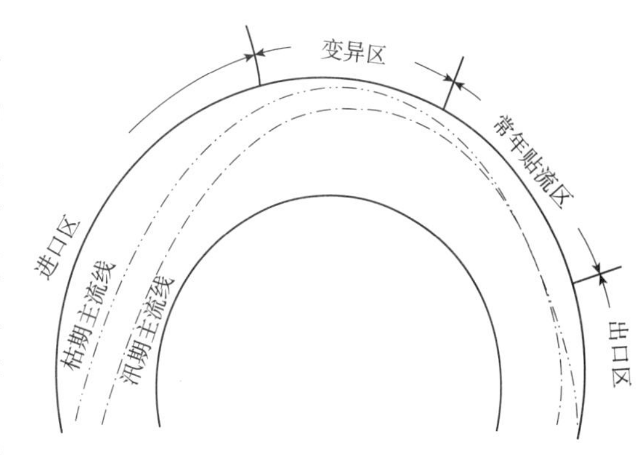

图 1-1 弯道水流主流线变化特点

(2)弯道环流的影响

弯道环流运动在弯道崩岸过程中起到非常重要的作用。水流在通过弯道时形成螺旋环流，螺旋环流将表层含沙较少而粒径较细的水体带到凹岸，并折向河底掠取泥沙，而后将这些含沙较多而粒径较粗的水体带向凸岸边滩，形成横向不平衡输沙。在螺旋环流的作用下，凹岸冲刷下来的底沙总是转移到凸岸，并淤积下来。弯道顶点下游处正是冲刷最剧烈的部位，其崩岸强度最大，而且随大水的下挫和小水的上提有所变化。弯道水流在惯性离心力作用下，产生垂直于河流轴线的横比降，形成面流指向凹岸，底流指向凸岸的弯道环流。弯道环流运动的结果，使得弯道平面上横向输沙能力加强，而泥沙梯度垂向分布为上稀下浓，为满足水沙平衡需要，凹岸不断冲刷崩退，凸岸相应淤积。目前，长江安徽段有几处弯道，如铜陵河段中的安定街、黑沙洲河段左汊等均因河道日益弯曲而崩岸加剧。汉江皇庄至泽口段大多数弯道，也相应地发生过严重的崩岸问题。

(3)水位突变的影响

引起河道水位变化的因素主要包括：洪水和枯水期流量变化，水库枢纽的蓄水和降水，河口潮汐的变化等，这些水位变化都影响岸滩的崩塌。马崇武[25]在多个假定条件的基础上，分别对岸滩匀质结构和夹层结构进行了不同水位的稳定计算。计算成果（图 1-2）显示，不管河道内是涨水还是落水，都存在着使一个河岸边坡稳定系数达到最小的值，落水比涨水时河岸边坡更容易发生破坏，一方面是因为河岸土体内地下水位的变化滞后于河道内水位的变化；另一方面是由于河道内水位下降时，作用于岸滩的侧向水压力不能对河岸提供支撑作用，使河岸稳定程度降低，引起河岸崩塌。

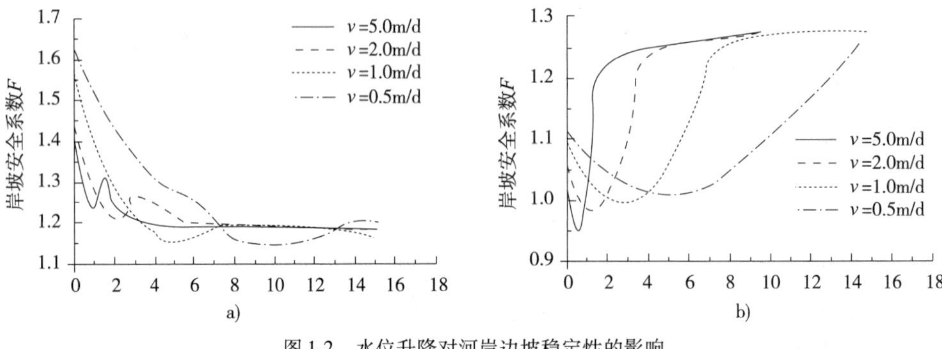

图 1-2　水位升降对河岸边坡稳定性的影响

a）不同上升速度；b）不同下降速度

1988 年，西非尼日尔河（Niger）上某一河段内水位变化与河岸崩塌频率反映了随着河道内水位上升，河岸崩塌次数减少；当河道水位急剧下降时，河岸崩塌次数急剧增多。Abam[24] 针对西非 Niger 河不同时期的河岸崩塌频率进行了研究，从图 1-3 可看出，随着降雨量的增加，逐渐进入汛期，河道内水位上升，促使枯水期淘刷严重的河段崩塌，崩岸次数增加（2～5 月）；随着降雨量的继续增大，洪水位快速升高，河岸反而稳定，崩塌次数减少（6～9 月）；以后，随着降雨量的减少，河水位急剧降落，河岸崩塌次数猛增（10～12 月）。

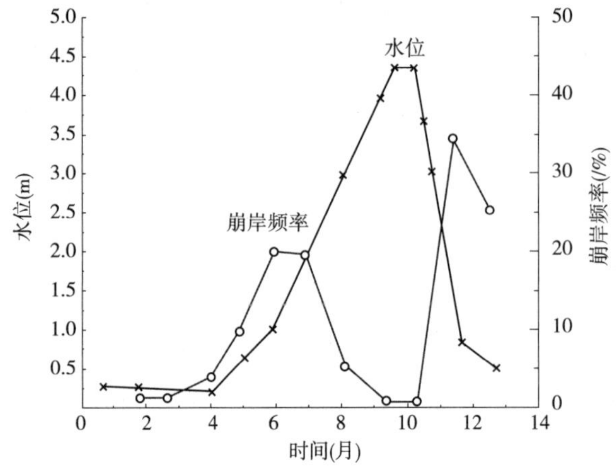

图 1-3　Niger 河三角洲崩岸频率与水位的关系

武汉市汉江汇合口附近的崩岸，也说明了浸泡和洪水水位降落对软土岸坡的影响。对于这类软土岸坡，受洪水期高水位的长期浸泡，致使岸坡土体饱和，强度降低，重量加大，稳定性减小。当洪水迅速退落，平衡岸坡饱和土体的侧向水压力迅速减小，淤泥和淤泥质的软土基础难以支承沉重的饱和土体和抗拒侧向土压力产生的剪应力，从而导致岸坡失稳。由于亚黏土具有流变性，在剪应力作用下，岸坡土体发生缓慢而长期的剪切变形。再加上内水外渗产生的动水压力，必然推动岸坡下滑，并加剧剪切变形的发展。经计算，因动水压力造成岸坡不稳的可能性要增加 10% 左右。

长江马湖堤1996年1月份的崩岸[16]以及武汉市汉江汉阳沿河堤罗家埠至艾家嘴堤岸滑坡等与洪水降落有重要关系。表1-1为洪水期末水位降落引起的崩岸变化，由于水位降落，该河段的崩岸长度和河岸沉降明显增加。

四六三厂崩岸长度、沉降量与武汉关水位变化关系 表1-1

日期 项目	1983 年				1984 年
	12月5日	12月15日	12月17日	12月23日	1月15日
武汉关水位(m)	16.87	15.41	15.20	14.73	14.18
崩岸长度(m)	20.00	300.00	380.00	500.00	520.00
沉降量(m)	0	0.20	0.30	0.80	0.92

(4)风浪淘刷作用

崩岸易发生在弯道水流顶冲段，岸坡长期受风浪作用，坡脚受拉作用，也是产生崩岸的原因之一。船行波是造成岸坡冲刷的一个不可忽略的因素，主航道靠近岸坡，过往船只靠近岸坡行驶，大马力机动船对岸坡产生的冲刷破坏作用是相当大的。螺旋桨激荡会增大局部流速，对底部岸坡产生严重冲刷。英国有关河流的观测资料表明，船舶航行引起的岸坡侧蚀率可达0.35m/a。我国也有多条河流出现过严重的船舶航行冲刷塌岸事件。在京杭运河的许多支河中，航道不宽，船行波对两岸的岸坡破坏作用比较强烈，岸坡的维护工程也是投入比较多。再如长江安徽段和南京段，受到潮汐作用，海水倒灌，每年因风浪作用产生的崩岸例子也不少。

3. *岸坡失稳的岸边地质土壤因素*

在水流条件不变的情况下，崩岸强度的大小主要取决于河岸抗冲强度的不同，而河岸抗冲强度是由地质组成结构和土壤特性决定的，如果河岸由松散的沙土组成，崩岸强度就较大；如果河岸系由密实的黏土或其他抗冲较强的土质组成，其崩岸强度就较小。土壤组成结构对崩岸形式有很大的影响，均质岸坡崩塌一般以滑坡的形式崩塌；对于多元或二元地质结构，其抗冲能力较弱，黏性土和砂性土的厚度与埋深对崩岸有重要的影响。当表层黏性土质较厚时，发生崩岸的块体较大，形成窝崩的机会较大；当表层黏土厚度较小时，崩岸多以条崩的形式进行。在长江安徽段河床及岸滩的地质组成中，左岸一般都是二元相结构，上层是河漫滩相的细颗粒黏、壤土层，下层为粗颗粒的细沙层，抗冲性能较弱；右岸多山矶阶地，抗冲性能较强。因此，崩岸主要发生在左岸以及右岸的一些非山矶阶地段。从安定街、江坝、大拐等处的地质钻探资料分析，崩岸区江岸土质一般抗冲能力极差，在主流顶冲或横向环流、回流淘刷条件下极易崩塌冲蚀。在长江中下游，平原冲积性河流土质岸坡常年受到水流淘刷作用，更容易出现坡脚淘刷，导致最后其余部分塌入江中，所以对土质岸坡一定要重视护理坡脚，防止淘刷问题的出现。

在岸滩土壤性质的研究过程中，土体的渗透性和可液化性对崩体的作用是不容忽视的。

(1)渗透性及保水性

土质渗透性直接影响渗透力的大小。不同的土质，比如软土(淤泥、淤泥质、黏土、亚黏土)和砂性壤土岸坡，其渗透性和保水性有很大差异，其崩岸性质也大不相同。软土颗粒很细，孔隙比大(1.013～1.470)，渗透系数很小，当软土岸坡处于长期浸泡状态，其含水率较高,由于透水性差,长期得不到固结,抗剪强度和内摩擦角都较小,且具有一定的流变性,其抗冲能力很弱。比如汉阳沿河滩岸的淤泥质软土基础是险情发生的内在因素,在正常情况下岸坡稳定,当遇到外来因素影响时,就会失去稳定而破坏。对于,软土,即使短时间排水固结,其抗剪强度仍难以大幅度提高,此类岸坡经过长期排水固结后,其抗剪强度才能有较大幅度的提高,相应的,抗冲能力和防渗能力都大大提高。对于砂性土壤的岸坡,因其颗粒较粗,其透水性和排水效果较好,渗透压力释放快,对崩岸影响较小;砂性土壤黏聚力很小,内摩擦角较大,其抗剪强度皆为抗摩擦产生的,仍然比较小,相应的岸坡抗冲能力仍比较弱。比如黄河沙质滩岸皆属此类,岸坡抗冲能力比较弱,当水流冲刷岸滩时,崩塌速度很快。另外,土体渗透性直接影响管涌的产生。在岸滩排水期内,向外渗出的水流使沙层中的沙粒起动并搬运外移,即发生管涌。管涌的结果往往使淘刷层中形成裂缝,裂缝的发展使岸滩实际强度减小,最终导致河岸崩塌,例如,美国 Ohio 河土质河岸的持续后退,主要是由管涌引起的。

(2)土体液化理论

20 世纪 50 年代,美国对密西西比河下游窝崩的研究中曾提出土壤液化(Liquefication)导致大堤窝崩的概念;1970 年,罗伯特、威格尔等进一步研究了“沙层和沙透镜体的液化对滑坡的促进作用”及“无黏性材料液化引起海底滑坡的性质”,从而引起对江岸崩坍与土体液化的探索。20 世纪 80 年代,国内有些学者探讨了土壤液化与崩岸的关系,初步认为长江安定街、江坝、大拐、恒兴洲等崩岸地区,江岸是由可液化土体组成的,一旦具备振动或渗透或剪切条件时,产生或诱发崩坍的可能性是存在的;其中在动水压力下形成的渗透液化或剪切液化可能诱发崩坍。

第四节　航道岸坡失稳现状及治理对策

根据国内外内河航道土质岸坡失稳调查,岸坡失稳大致可分为洗崩、条崩和窝崩 3 种形式。洗崩在大江大河中普遍存在,各种水情均会出现,因而分布广,发生频率高;条崩一般出现在汛后枯水期,外形呈条带状,崩塌体积较大;窝崩造成河岸大面积土体崩塌,一般在水流强度大、土质抗冲性能差的河段出现,常发生在枯水期且崩岸时间极短。

崩岸是河流淘刷,岸坡崩塌交替作用反复循环的一个过程。造成土质岸坡崩岸主要有水流因素和土壤因素,也是岸坡失稳的外因和内因,水流因素主要包括主流顶冲的影响、弯道环流的影响、水位突变和风浪淘刷的作用,土质河岸的土壤组成以及土壤的渗透性和液化性也是造成河岸崩塌不可忽略的影响因素。

岸坡失稳的危害较大,会对江河堤坝安全、人民生命财产安全造成威胁。一旦崩岸,对航运也造成较大的危害,形成碍航停航的局面;岸崩对环境也有一定的破坏,造成绿化面积不断缩小,岸边植物和动物生存直接受到威胁。因此,对内河航道土质岸坡失稳的危害的严重性要引起足够的重视。

土质岸坡失稳是水流因素和土壤因素共同作用的结果,所以对于土质岸坡失稳的治理也是从这一对外因和内因着手。一方面,增加土质河岸对水流的抗蚀作用,采取以护坡护脚为主的防护护岸措施;另一方面,防止、减轻水流对河堤的冲击能量,调整水流动力,达到减缓河岸侵蚀的目的,如对河床边界的调整、弯道曲率的控制都是降低水流冲击能量较好的措施。

在崩岸治理过程中，对于护岸工程的设计方案，在大量调研的基础上吸取以往的成功经验，选取适当的护岸工程方案；护岸工程技术和材料选择也要因地制宜，注重资源节约合理；还有一些特定地方的崩岸利于河势的发展，所以要注意研究河势的问题，不能盲目治理。

一、国内外航道岸坡失稳现状

岸坡失稳在天然江河中普遍存在，尤其是在我国长江中下游土质岸坡中尤为突出。崩岸实际上是河道洪漫滩地的冲塌或坍落，是河床演变的一种形式，崩岸涉及水土两方面因素，与普通土坡滑坡和崩塌不完全相同，可认为是土坡失稳的一种特殊形式。由上文分析可知，在不同河岸土体组成和外界动力条件下，崩岸形态各异，主要有洗崩、条崩、窝崩 3 种形式。

1. 汉江中下游的崩岸现状及特点[26]

汉江中下游河道流经江汉平原，自 1968 年建成丹江口水库后，由于水库的调蓄作用，水库长期清水下泄，改变了汉江中下游河道天然的来水来沙过程，使水流与河床的相互作用发生新的变化，造成汉江下游河道河势剧烈调整，护坡坍塌险情增多，新的崩岸险情增加。

丹江口水库建成以来，汉江中下游河道经过 27 年的冲刷和调整，目前河道的冲刷范围已发生到距大坝下游 625km 的河口段，河道已由建库前的微堆积型转变为侵蚀型。其中，宜城以上河段河势调整已趋于稳定，而皇庄至泽口河段的河势正逐渐向弯曲型河道转化，泽口以下河段主要通过滩槽冲淤调整来寻求新的平衡。

因此，枢纽建成后一段时期内皇庄以下河段河势调整仍十分强烈，崩岸险情依旧突出，甚至较刚建成时更加恶化。特别是皇庄至泽口河段大多数弯道虽因水流比较稳定而有所发展，但遇大水年时，发生撇弯切滩和复凹现象仍然明显，“凹岸淤积，凸岸冲刷”是该河段弯道变形的主要特点。同时，因水库清水下泄，水流的含沙量很小，泥沙主要靠河床补给，下游河道的变形仍然以河床下切为主，且冲刷强度逐渐下移，在长期中水作用下，水流集中顶冲掏刷的机会增多，河势的稳定性较弱。因此，近期内在滩岸较宽并缺少控制的河段将是发生崩岸险情的重点河段。已守护河岸段，主乱贴岸冲刷，基脚掏刷现象仍将十分严重。

汉江中下游的崩岸特点有：

①汉江下游河道的崩岸段数多于中游，崩岸长度下游大于中游，右岸崩岸长度大于左岸。20 世纪 60 年代和 70 年代的水道地形资料分析表明，下游崩岸段为 46 段，崩岸总长为 136.09km，而中游崩岸段长度为 94km；右岸的崩岸段为 46 段，而左岸为 32 段。

②蓄水期（后）的崩岸长度大于滞洪期（蓄水前）的崩岸长度。据汉江中下游不同时期的年崩率及护岸统计，蓄水前 19 年中，崩岸长度为 248.6km，平均年崩率为 10.1m/a；蓄水后 18 年中，崩岸长度为 309.5km，崩率为 13.3m/a，即蓄水后的年崩率比蓄水前增加了约 1/3。其中，襄樊至泽口河段增加最多，年崩率比蓄水前增加了约 1.1 倍；襄樊以上和泽口以下河段有增有减，但以减少占优势。崩岸长度增加的河岸累计长 851km，占整个河岸长的 2/3；崩岸长度减少的河岸累计长 439km，占整个河岸长的 1/3，可见蓄水后下游河道崩岸总长度是增加的。

③水库下游河道崩岸强度，蓄水前大于蓄水后。如皇庄以上河段，滞洪期在 13 段崩岸中，有 8 段的崩岸强度超过 100m/a，蓄水后，在 18 段崩岸中，仅有两段的崩岸强度超过

100m/a。据文献调查，蓄水前襄阳的袁营、白家湾、东津、施官营，宜城的南洲、周楼、余家棚等地，一次崩宽达10m左右，剧烈段则达20～30m，年崩宽可达100m以上；蓄水后，一次崩宽一般5～7m，年崩宽一般在30～40m。再如天门市聂家场河段，1958年、1960年，弯道冲刷崩岸宽度达数百米，而蓄水后的相同洪水年中，这样大的崩岸宽在下游河道没有再出现。

④丹江口水库下游河道的崩岸形式，主要为弧形坐崩和条形倒崩两类，以弧形坐崩占绝大多数。

a. 弧形坐崩是由于岸脚受水流淘刷，上层土体失去平衡，而发生在平面上和横断面上均为弧形的阶梯状土体滑挫。弧形坐崩的强度最大，在汉江一次崩宽可达十多米，年内崩岸总宽可达100m以上。这类崩岸都具有一个明显的崩塌面。宜城市郭安、钟祥市襄河，就是这种类型崩岸的例子。

b. 条形倒崩是由于水流将沙层淘刷，岸坡变陡，上层黏性土层倒入江中。崩坍后的岸壁陡峻，每次崩坍的土体多呈条形，其长度和宽度，一般情况下要比弧形坐崩小，但崩塌的频率要比弧形坐崩大，在汉江一次崩宽为1m左右。荆门市矶头附近、宜城市红山头的崩岸，就是这类崩岸的例子。此外，在汉江中下游，还有大坝下游消能余浪造成的崩岸、风浪洗崩、船行波崩岸以及地下水的渗透使河岸土质液化而产生的坍塌等形式。

如图1-4～图1-7所示。

图1-4　2005年夏季汉江崩岸情况

图1-5　2010年夏季汉江崩岸情况

图1-6　2011年秋汛汉江下游段崩岸

图1-7　汉江水位急剧下落引发崩岸

2. 长江安徽段崩岸现状及特点[27]

长江安徽段位于长江下游地区，干流全长416km。自上而下共有13个河段，其中安庆、铜陵、芜湖和马鞍山河段为长江中下游重点河段。由于两岸边界（条件地质、河床组成等）以及来水来沙条件的不同，历年河道演变剧烈，主流线摆动，以致不断发生崩岸，特别是大水年份，洪水造床作用强烈，加速河床及岸坡冲刷，崩岸现象更为严重。据统计，1995年、1996年连续大水期间，安徽省长江干流发生中等强度以上崩岸有40余处，其中强崩有10多处。

图1-8是根据1986年1B50000航片遥感影像解译结合野外调查而获得的皖江河段的崩岸现状。从崩岸分布和统计来看，长江左岸（北岸）崩岸强于右岸（南岸）。从崩岸长度看，左岸崩塌总长13 010km，占该江岸总长43 818km的29.36%，右岸崩岸带总长6 611km，占该江岸总长40 514km的16.30%；从崩岸的强度看，右岸强崩岸段仅4处，共长3 219km，占该岸崩塌长度的49.77%，占该岸线总长的8.12%；左岸强崩岸段有15处，共长8 015km，占该岸崩岸长度的61.92%，占该岸线总长的18.35%。

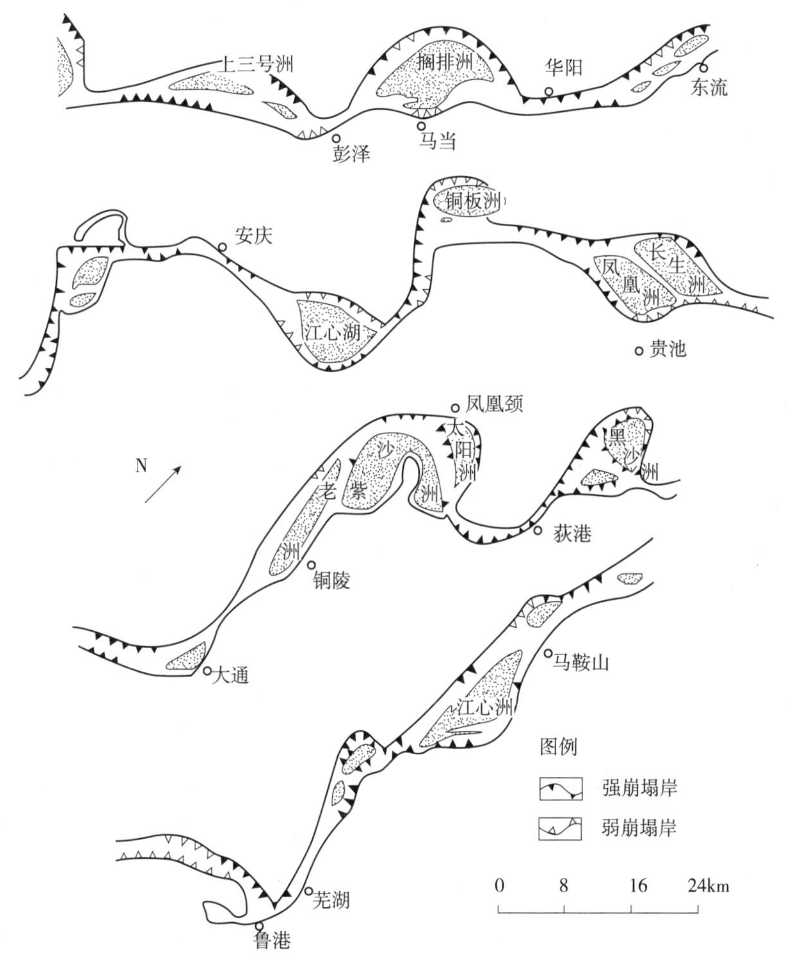

图1-8 1986年1B50000卫星遥感图皖江河段的崩岸现状

皖江崩岸主要有条崩和窝崩两种类型。

①条崩是一种近平行于河岸线呈条带状的崩岸，其长度（平行岸线走向）远大于其宽度。一般一次条崩的崩坍体长数十米（有时也有数百米），宽仅数米（有时达数十米），如1998年汛期前后，贵池河段枞阳县大砥含一带江岸连续发生强烈崩岸，崩岸长度340m，最大崩宽32m，岸坎倒塌至距大堤40多米。条崩一般发生于相对平顺的岸段，由于二元结构河岸上层的漫滩相黏性土层较薄，在水流作用下，河岸上层土体先产生接近平行于岸线方向的裂缝，接着在平面上形成条带状崩坍。这类崩岸的发生过程多数因底部受冲刷失去支撑后，土体呈条带整体倒入江中，少数以下挫形式崩入江中。

②窝崩是一种近圆弧状的崩岸。窝崩是长江上一种破坏性极强的崩岸现象，主要发生在湖口以下的长江下游。单个崩窝基本上呈圆弧形，长数十米到百余米，崩进宽度一般接近或小于圆弧弦长的1/2。如1976年11月发生在马鞍山河段人工矶头和电厂之间的大窝崩，长460m，宽350m；1989年汛后发生在官洲河段同马大堤六合圩的大窝崩，长210m，宽114m，崩塌已至江堤顶。有时崩窝沿岸线一个个连续分布，在平面上呈锯齿形。窝崩发生时，崩坍的土体一般沿圆弧滑动面错落而滑入江中。当河岸二元结构上层的黏性土层较厚时，土体的下挫在横断面上往往剪切成台阶状。

安徽省境内长江岸线总长约727km（扣除右岸江西省岸线及本省右岸山矶丘陵段），其中，崩岸段岸线长约300km，占总岸线的41%。由于长江水流流量大，水流急，河漫滩抗冲能力低，河床主流摆动，滩、槽冲淤变化，洲滩消、长、并、靠频繁，河道演变极其复杂，两岸经常发生突发性的窝崩和条崩（图1-9）。

图1-9　皖江段荻港崩岸（岸线崩岸不止，已累计崩塌宽度数百米）

由于崩岸的威胁，无为大堤在历史上屡有堤段退建，从明末到清初，安定街一带共退建9次，因而有头坝、二坝、三坝之称。1948年，发生大崩导致安定街于1950年倒入江中。下段黄丝滩一带因崩岸威胁退建4次，1942年在该处被迫退建新堤，即目前的惠生堤（图1-10）。崩岸强度较大的还有：1976年11月发生在马鞍山河段人工矶头和电厂之间的大窝崩，长460m，宽350m，崩塌江堤450m；1989年汛后发生在官洲河段同马大堤六合圩的大窝崩，长210m，宽114m，崩塌已至江堤顶；1998年汛期前后，贵池河段枞阳县大砥含一带江岸连续发生强烈崩岸，崩岸长度340m、最大崩宽32m，柳树倒入江中，岸坎倒塌至距大堤40多米。长期以来，崩岸给安徽省沿江两岸的工农业生产和人民生命财产安全带来了严重威胁。

3. 荆江河段崩岸现状及特点[28]

湖北省荆南长江干堤上起松滋查家月堤,与松滋大堤相接,下止石首市五马口,与湖南省长江干堤相连,跨越上荆江下段和下荆江上段荆南长江干堤堤外河岸存在长约60km的崩岸险工段。其中多数险工段经过40多年的守护与加固,逐步趋向稳定。但随着历年水沙条件的变化和局部河段河势的调整,一些未守护段及标准不高的已护段仍时有崩岸发生(图1-11)。目前,崩岸险情较严重的有上荆江的陈家台和郑家河头段,位于下荆江的石首北门口、连心垸和调关矶头等岸段。陈家台段20世纪60年代初即发生崩岸,曾退堤长1 513m,后经守护才达相对稳定。但自20世纪80年代末开始,受金城洲左右泓兴衰变化的影响,又发生崩岸,其中1997年12月崩岸长达1 000m,崩宽达27m。郑家河头险工段处于长顺直过渡段内,近岸河床冲淤交替,当主流南靠时崩岸发生,主流北摆时又发生淤积。1995年10月此段发生崩岸,长达800m,最大崩宽22m。1996年初又继续发生崩岸,最大崩宽20m,崩岸线距堤脚最窄处仅18m。石首河弯向家洲狭颈冲穿过流后,水流直冲北门口一带,致使4km长的岸线陆续发生大幅度崩退。仅1994年7月至1995年10月,岸线最大崩退宽达420m,使堤外最窄处滩宽仅38m。此后继续崩岸,尤其是1998年汛末就发生5次崩岸,其中下游未护段崩长超过1 000m,崩宽100m,已护坦坡崩失3处,长330m。最严重的是10月14日在已护段崩长达200m,崩宽100m,胜利垸堤身崩失约1m。调关矶头是下荆江重点险段。

图1-10 长江无为县白茆镇天然洲江堤发生崩岸

图1-11 荆南长江河段崩岸

总的来说,长江中下游河道很大一部分河岸属于土质岸坡,由于地质地貌边界条件和水文泥沙特性的不同而构成不同的河型。宜昌—城陵矶河段为弯曲性河段,而城陵矶以下河段为分汉河道,各河段的冲淤演变有不同特性。长江中下游河道虽然多年处于纵向输沙基本平衡状态,但河道平面变形引起的河流崩岸问题仍比较严重。据表1-2可知,长江中下游两岸崩岸总长度达1 518.2km,占岸线总长度的35.7%,其中湖南、江西、江苏和上海的崩岸比例更高,一般都在43.5%以上。长江中下游河道不同河段的崩岸强度也有较大的差异,崩岸速率从几米到数十米,甚至数百米。如江都嘶马镇1984年7月发生大面积崩塌,滩口宽330m,坍进350m,在63h共坍失土地11.6万m^3。又如图1-11所示荆江河段,由于该河段属蜿蜒型,横向变化大,也是长江崩岸最剧烈的河段，1962 年六合夹河段年最大崩宽达 600 余米。

长江中下游不同河段的崩岸和护岸情况　　表 1-2

省市		湖北	湖南	江西	安徽	江苏	上海	合计
江岸长度(km)		1 658.0	161.8	133.5	797.5	1 090.7	407.6	4 249.1
崩岸	长度(km)	402.0	70.5	82.7	238.0	515.9	209.1	1 518.2
	百分数(%)	4.3	43.5	47.3	31.2	47.3	51.3	35.7
护岸	长度(km)	276.0	57.6	34.2	194.0	378.1	209.1	1 149.0
	百分数(%)	68.7	81.7	41.3	81.5	73.3	100.0	75.7

注：崩岸百分数合计指崩岸总长度占江岸总长度的比例，护岸百分数合计是护岸总长度占崩岸总长度的比例。

4. 京杭大运河部分河段崩岸现状及特点

(1)京杭运河杭州段余杭支河

杭州市余杭区水网密布、航运发达，辖区内共有等级航道里程 350 余公里，其中，京杭运河、杭申线两条骨干航道 30 余公里。余杭区又位于长三角中心，近年来，航道两侧产业迅速集聚，使得航运异常繁荣。近几年，随着船型的增大和数量的增多，对护岸的破坏也愈趋严重，如 2007 年人民图片网曾报道："京杭大运河杭州余杭支河堤岸发生大面积塌方，造成航道堵塞，大量船只被阻。事故原因是河岸堆积的施工用土过量，导致堤岸塌方。"如图 1-12 所示。余杭航区现有的通航支线航道绝大多数是自然岸坡，有些航段虽修建过块石挡墙，但由于标准较低且年久失修，加上常年的雨水侵蚀和大吨位船舶航行时的搅动和船行波的影响，已经冲刷坍塌。护岸水土流失严重，造成航道淤积，有些地方已经危及航道安全通行和沿线房屋的安全。

图 1-12　京杭大运河杭州段余航支河

(2)京杭运河苏南段[29]

1992 年 8 月开始，苏南运河"五改四"整治工程历时 5 年，总投资(包括后期完善工程投资和沿线政府在征地拆迁和桥梁及其接线上的配套资金)27 亿元，完成工程量为土挖开方 3 800余万立方米，新建护岸 287.5km，新改建桥梁 39 座，新建港口 1 座，设置标志、标牌 1 309块。在航道等级与尺度方面，规划标准为四级，四级航道尺度的最低标准为水深 2.5m、底宽 40m，曾是全国内河样板航道。

当时的实际代表船型是一顶 2 艘 500t 级船型(尺度为 45m×10.8m×1.6m)和一拖 4 艘 500t 级船型(尺度为 53m×9m×1.75m)。随着船舶密度及船舶大型化发展，大吨位、大船舶流量产生较大的船行波及船撞力，对护岸墙身结构产生了较大的影响，护岸常水位附近墙身垒石、砂浆大部分被掏空，护岸结构多处坍塌，部分坍塌案例如图 1-13 所示。

(3)长江中游戴家洲段右缘崩岸现状[30]

经统计，1970～2003 年间，戴家洲右缘最大崩退幅度 470m，年均后退幅度 10 余米；2003 年后(即三峡工程蓄水以来)，洲右缘最大崩退幅度约 150m，年均后退幅度 30 余米。可见，戴家洲右缘处于不断崩退中。如表 1-3 所示。

a)

b)

图 1-13 苏南运河航道护岸破坏

戴家洲右缘崩退情况统计表

表 1-3

时段(年)	右缘崩退幅度	
	总幅度	年均幅度
1970 ~ 2003	470m	10 余米
2003 ~ 2008	150m	30 余米

对于洲尾部岸线,经历了淤长后退两个过程,2004 ~ 2006 年,洲尾部主要表现为淤长,幅度达 470m;2006 年以来则表现为冲刷后退,目前(2009 年 3 月)较 2006 年 2 月后退幅度超过 90m,年均后退幅度 30 余米。其中,2008 年后,年均后退幅度达 50 余米。从以上分析可见,戴家洲右缘一直处于崩退中,2004 年以来年均崩退幅度大于往年,近年来洲尾部崩退幅度加快(图 1-14)。

图 1-14 长江戴家洲右岸岸滩崩塌

5. 密西西比河上游和密苏里河流域

1993 年,在整个密西西比河上游和密苏里河流域,高降雨强度增加土壤侵蚀,因而相应增大了输沙率,导致缓流或滞水区内泥沙淤积增大(尽管在干流上的某些部位也有冲刷现象)。在依阿华州,一些农田每 $40m^2$ 土地表层土流失多达 20t。

密西西比河岸冲刷包括陡岸(塌岸)根部的冲刷坑。在波浪产生的高水位和水流冲刷力的作用下,河岸也会发生冲刷。美国陆军工程兵团在他们的汛后报告中指出,在密西西比河上7号~10号枢纽区间,由于波浪作用造成抛石护坡的损坏,其修复的费用可能高达145 000元。另外,关于KaskaskiIsland堤岸冲刷速率的报告指出,曾观察到此处堤防由于波浪作用被冲垮1.5m。圣保罗区(密西西比干流上段)除了SA区以外,所有枢纽区都产生了净淤积,所以,为维持航道水深,USACOE在1994年航运季节不得不增加疏浚措施。例如,1993年这些枢纽区总的疏浚量为233 954.3m^3,1992年为111 710m^3,二者相差122 344m^3。1993年,大水使许多地方泥沙淤积而影响了航道,大约688 099.5m^3的淤沙在1993年被清除掉,但在另外17个疏浚的地方仍剩下约382 277.5m^3淤沙留待1994年清除。在SnyIsland大堤和排水区河段,大部分沉陷坑发生在距河3~23m马道坡脚管涌处。这个地区大部分沉陷坑直径大约1.5m,深度0.3~2.4m。18亿m^2(占密苏里河滩可耕地面积6%)的土地因泥沙的沉积和冲刷而破坏。泥沙沉积总量超过4.18亿m^3。如图1-15所示。

图1-15　密西西比河河岸侵蚀崩岸

在密苏里流域由于降雨强度增大和持续时间延长,加重了土壤侵蚀土壤流失量由正常情况下每年1.24万t/km^2增到4.94万t/km^2,使许多地方改变了地表状况。这些地方要重新产生新的耕作表土尚需许多年。河岸冲刷的加剧,使一些考古遗迹遭损坏或即将毁坏。密苏里河上产生的500多个冲刷坑和1 062处大堤溃决口已产生一些永久的地表痕迹。这些冲刷坑可增加水生动物栖息地并形成新的湿地。泥沙的沉积,特别是大堤决口附近或肥沃土地表层上面的堆积,使得在未来许多年里土地的地力降低和利用率减少。如密苏里有逾5.46亿t泥沙堆积在可耕地中。

二、航道土质岸坡失稳的影响及危害[9,24]

崩岸是内河航道产生重要灾害的原因之一,崩岸威胁着一些干堤的防洪安全,两岸人民的生命财产安全得不到保证,而且严重影响着航运的畅通,因此内河航道崩岸的危害需要引起足够的重视。崩岸也是河段泥沙的一个重要来源,崩岸伴随着大面积的滩地或耕地坍塌入江河,促使该部分的河段泥沙急剧增长,或者多余的泥沙在下游某一河段淤积下来,导致水深不足,出现碍航断航的局面。同样,崩岸也是水土共同作用的结果,在河床演变中具有重要的作用,直接影响河势的发展。由于崩岸的不断发生或者大窝崩发生,使河道主流发生变化摆动，崩岸附近的流态也会发生变化，可能会出现汇流、急流和斜流等流态，使航船搁浅、摇摆，甚至会有翻船的危险。

1. 崩岸对江河堤坝安全的影响

江河防洪的成败直接威胁两岸地区人民的生命财产，堤岸安危是江河防洪成败的重要标志。1998 年长江、松花江和嫩江都发生了历史最大的洪水，堤防险情百出，造成了 2 400 亿元的经济损失，有 1 120 万亩良田被淹，有 320 万人(长江)无家可归，2 292 人死于洪水。其中长江流域有 5 处发生堤岸溃决，特别是江西九江大堤的溃决更是触目惊心，造成了不可估计的损失。

江河湖泊险情主要是由渗漏、管涌、崩岸等引起的，其中崩岸约占全部险情的 15%。据日本有关资料表明，在日本历史上的决堤事故中，河道侵蚀和冲刷引起的事例占全体的 10%；在我国黄河的决堤中，由侵蚀和冲刷所引起的事例同样占 10% 左右。显然，崩岸是江河湖泊防洪的主要险情。

崩岸对江河及其沿岸的危害极大。一方面，崩岸使河堤外滩宽度趋于狭窄，造成大堤或江岸直接遭受主流顶冲或局部淘刷，使大堤防洪抗冲能力大大降低，崩岸直接威胁堤岸的安全。比如长江中游荆江大堤堤外无滩或窄滩的堤段长达 35km，堤身高达 10 余米，形势十分险要，素有“万里长江，险在荆江”之称，水流冲刷引起的崩岸直接构成对荆江大堤防洪安全的威胁。1949 年，祁家渊险工在汛期发生崩岸，堤身挫裂几乎招致大堤溃决。另一方面，崩岸往往会造成堤基渗漏或增加新的渗漏管涌机会，一旦遇到大洪水则可能出现堤防溃决的险情。比如安徽省安庆地区同马大堤的汇口险段，1964 年汛期江水位 19.6m 左右，险情并不突出。至 20 世纪 60 年代后期却成为一个大险段，1974 年汇口水位不到 20.0m 时就险情百出，外滩崩窄是其原因之一。就 1998 年长江出现的一些重大险情或溃决，与堤岸长期崩塌、水流直逼堤岸不无关系。

2. 崩岸对航运的影响

崩岸是河道泥沙的重要来源，直接影响到河势以及水深，对航运有着重要的影响。崩岸使岸滩或耕地损失和减少，也是下游河道泥沙的重要来源，直接影响下游河道的冲淤变化。崩岸使下游河道的泥沙来量在短时间内迅速增加，泥沙含量超过水流挟沙能力，部分崩岸泥沙在下游河段(比如凸岸)淤积下来，导致下游河势演变发生变化，影响下游两岸工矿企业的取水安全。

黄河泥沙主要来源于西北黄土高原。据统计分析，黄河泥沙出现高峰年的主要原因就是晋陕峡谷两侧的黄土崩塌，由于直立的黄十岸滩在水力淘刷悬空后，岸滩发生严重崩塌。在黄河下游河道三门峡蓄水拦沙期内，有相当一部分泥沙来自于，岸滩的崩岸泥沙。就长江中下游河道而言，1996 ~ 1998 年遥感调查资料表明，从武汉至南京划子口约 1 479km 的江岸，两岸崩塌河段占 22%，30 年来崩塌总面积 89.1km^2，如平均江岸高差 3m，那么崩入长江的泥沙就有 267.3 $\times 10^6 m^2$。再如南京河段由于七坝、西坝头和八卦洲头崩退，各自对岸梅山钢铁公司、南京炼油厂和南京钢铁厂码头和取水泵房造成淤积；在镇扬河段，由于江北六好岸线崩退达 2km，对岸线的破坏巨大，对航运有着不可估量的作用，南岸镇江港几临淤废状态，不得不迁址重建。先后于 20 世纪 50、60 年代开辟焦北、焦南航道，于 80 年代又开挖新的航道。崩岸是河道泥沙的重要来源，会造成水深不足无法航运，而且会在临近港区大量淤积，河岸的崩塌致使岸线改变，崩岸前修建的港口处于危险状态，严重时会影响其安全。

又如界牌河段临湘江岸，从1912年发生崩岸，至1962年的50年中最大崩宽达2.1km，平均崩退率为40m/a，据记载最大年崩率达73m/a。崩失耕地4.8万亩，移堤26段次，大有崩掉整个临湘大堤的危险。不仅崩失了大量土地，而且使得该河段河势进一步恶化，过渡乱槽上、下摆动，枯水期散滩密布，碍航十分严重。

对于我国最大的内陆河塔里木河而言，阿拉尔站多年平均年径流量为45.82亿m^3，多年平均年沙量为2 253万t，来水多年平均含沙量为4.85 kg/m^3，与其他多沙河流相比，其来沙量并不是太多。但是，由于干流河道河岸主要由粉沙类松散物质组成，河岸具有很大的可动性，河岸冲刷崩塌严重，岸滩崩塌产生的泥沙量是下游河道来沙的重要组成部分，对干流河道的河床演变具有重要的作用。由于崩岸的不断发生或者大窝崩的发生，河道主流发生变化摆动，崩岸附近的流态也会发生变化，可能会出现汇流、急流和斜流等流态，使航船搁浅、摇摆，甚至会有翻船的危险。石首河弯向家洲近10km的岸线自20世纪60年代以来崩塌剧烈，至1994年6月11日终于崩穿过流，形成宽约1 200m的新口门，现主流贴新口门左岸急速下泄，直冲石首市城区北门口一带。北门口江岸码头滩地不断崩失，大量泥沙被水流携带下移，致使其下游碾子湾河道泥沙大量淤积，枯水期水流不能集中归槽，航道急剧淤积，导致1995年2、3月两次出现断航，其中最长的一次断航天数长达22天。另外，崩岸造成下游河道的淤积和河势发生变化，同样会使航运的水流边界条件发生变化，最终影响航运。

3. 崩岸对岸边建筑物及农田的影响

由于岸滩的不断崩退，使一些村镇企业临于岸边。而且随着崩岸的不断加剧，岸线逐渐向建筑物或企业逼近，直接威胁两岸建筑物的安全。如果护岸不完善，取水建筑物或村镇企业会倒塌入河，影响农田灌溉和城市供水效益的发挥，导致村镇企业的损失。在长江中下游河岸崩毁是非常典型的。比如：长江江都嘶马镇1984年7月发生大面积崩塌，坍口宽330m，坍进350m，在63h内坍失土地11.6万m^3，以致该镇许多居民和工厂企业被迫拆迁。1996年1月3日和1月8日，江西省九江市彭泽县长江马湖堤相继发生两起特大崩岸事件，毁防洪大堤1 210m、电排站1座、耕地18hm^2、造纸厂、取水泵房及输水管道、民房21户92间，并造成人、畜伤亡。直接经济损失4 670余万元。长江界牌河段临湘江一岸1949～1962年崩进1.5km，损失耕地2.5万亩。

4. 崩岸对环境的影响

崩岸的发生，一方面会使岸滩的植被倒入江河湖泊之中，另一方面促使滩槽的转化及湿地面积发生变化，也会使堤岸的有害物质进入水中，从而污染水质。岸滩的崩塌使得可利用土地进一步减少，岸滩的植被进一步消失致使环境更加恶劣，直接威胁到附近居民的生活条件，比如长江上游自然植被在岸崩的情况下，近现代均遭受到不同程度的严重破坏。例如，20世纪70年代末，川中丘陵大部分县的森林覆盖率仅3%～5%。在金沙江流域，现除了上游仍保存有较大面积的天然林外，其余地区天然林基本破坏殆尽。而且湿地面积也进一步大大减少，致使沿岸绿化情况破坏较大，水生动物生存环境岌岌可危。

三、传统土质岸坡失稳的治理对策[31-33]

致使岸坡失稳的因素较多，水流和土壤因素是传统土质岸坡失稳治理对策的主要考虑对象。一方面,对于水流因素,稳定河势使水流主流线集中,消除或减缓迎流顶冲河势;另一方面,对于土壤因素,修建一些建筑物来改善或阻止水流对抗冲性较差的土质岸坡的冲刷。

对于水流因素的控制,常采用控制弯道曲率和调整河床边界的措施来达到稳定且有利河势的目的,改善水流流态削弱环流强度,束水归槽起到对主航道的冲刷作用。

对于岸坡土壤流失的保护,才采用相应有效的护岸工程,如传统型护岸的混凝土结构保护水土不被流失,还有近年来兴起的生态型护岸结构,保护土质岸坡安全的同时改善生态环境,以及传统和生态相结合的护岸方式,对抗冲性较差的土质岸坡起到保护作用。

1. 土质岸坡崩岸治理原则

土质岸坡失稳治理要遵循以下原则。

①稳定河势,使主流线居中。根据上述分析,水流因素对崩岸形成起着重要的作用。从治理崩岸、避免崩岸发生的角度出发,稳定河势、使主流线居中、消除或减缓迎流顶冲河势的治理措施是最积极有效的。

②控导水流,改善水流流态。修建一些建筑物来改善水流条件减轻岸坡的冲刷,促进岸坡边的淤积。

③定期观测,加强守护与维修。

④崩岸实际上是水流与河岸相互作用的结果,土质岸坡失稳治理措施相应地分为两大类:一是增加河岸对水流的抗蚀作用,以护坡和护脚为主的防护措施;二是防止、减轻水流对河堤的冲击能量,达到减缓河岸侵蚀的目的。

2. 弯道曲率控制措施

弯道环流动力作用使凹岸崩塌、凸岸淤积,使弯道曲率日益加大,这种发展趋势对凹岸一侧崩岸起加强作用。为此,必须采取措施控制弯道曲率,改善水流流态,削减环流强度,针对不同弯道,可采取裁弯、切滩(指凸岸侧淤滩)、堵汊或兴建导流堤等措施。

例如铜陵河段南夹江崩岸治理过程中,选取了裁弯与堵汊两个比选方案,这两方案的实质都是为了消除弯道影响。前者是通过在老观圩锐弯处实施裁弯,使弯道曲率减小,主流趋中,环流强度减小,达到治理崩岸的目的;后者采取堵汊,即相当于人为使南夹江弯道消失。铜陵河段被堵塞的河段如图 1-16 所示。

图 1-16 铜陵河段被堵塞的河段

又如下荆江河段崩岸治理工程[34],由于该河段属蜿蜒型,横向变化大,也是长江崩岸最剧烈的河段,1962 年六合夹河段年最大崩宽达 600 余米。裁弯取直工程实施后,自然演变时崩岸也较为频繁,但是 1983 年来实施崩岸治理后,效果明显,河势稳定。

3. 河床边界调整措施

崩岸作为河道演变中的一种常见现象,它与其所处的周边环境密不可分。没有一个稳定的河床边界条件,崩岸就不可避免,从长江中下游河道演变分析可知,长江安徽段的崩岸与河段内洲、滩、汊道的冲淤是相互关联互相影响的。因此,治理崩岸必须结合对河床边界条件,起调整与改善作用的措施,提出综合性治理方案,以达到稳定河床边界的要求,从根本上解决崩岸问题。

以芜裕河段白茆水道左岸崩塌治理为例,对于崩岸不仅要采取守护措施,还要对右岸淤滩进行治理,因为在该段影响崩岸的周边条件主要是右岸边滩的淤涨。常采用丁坝群防护,在主流直接冲击的河段,如弯道凹岸、松散河岸、游荡河道,采用实体丁坝,挑流作用明显,水流脱离岸边,起到护岸作用;控导工程科避免斜流和横流。长江中下游的嘶马弯道,黄河下游的两岸险工程等均采用的是实体丁坝技术。在塔里木河阿拉尔河段则运用了透水丁坝技术,以阻碍和消耗水能,减小流速,起到了良好的抗冲促淤效果。

4. *护岸工程措施*[9]

(1)护岸类型

在崩岸治理中,护岸是最普遍且比较有效的工程措施。护岸工程按布局、结构、形式、材料及水流关系等的不同,可分为各种类型。如按与水位的关系,可分为淹没、非淹没防护工程;按构造情况,可分为透水、不透水防护工程;按材料和使用年限,可分为永久性、临时性工程;根据是否间断,可分为连续性护岸与非连续护岸;根据护岸机理,可分为实体抗冲护岸和减速防冲护岸。按工程的平面形式划分的平顺护岸、坝式护岸、墙式护岸以及其他形式护岸。

①平顺护岸。

平顺护岸也称为坡式护岸,是将构筑物材料直接铺设在滩岸临水坡面上,防止水流时对堤岸的侵蚀、冲刷。护岸后岸线比较平顺。这种护岸形式对河床边界条件改变小,对近岸水流结构的影响较小,不影响航运。长江中下游河道在水深流急险要岸段、主要城市市区及港口码头广泛采用平顺护岸。平顺护岸以枯水位为界线,枯水位以上称为护坡工程,枯水位以下称为护脚工程。护脚工程长年潜没水中,经常受水流的冲击、淘刷,要适应岸坡、床面的变形而作适当调整。护脚部分是护岸工程的基础,是防护的重点,长江中下游护岸工程十分注重“护脚为先”的原则。护脚工程也是用料量大的部分。护脚工程的结构形式应根据岸坡情况、水流条件和材料来源进行选择,较常用的有抛石、石笼、沉排、土工织物枕、模袋混凝土块体、混凝铰链排、钢筋混凝土块体等。

②坝式护岸。

依托堤身、滩岸修建丁坝、顺坝的护岸形式,称为坝式护岸。坝式护岸主要是导引水流离岸,防止水流、风浪、潮汐直接侵蚀、冲刷滩岸,保护堤坝安全。坝式护岸是一种间断性的有重点的护岸形式,有干扰水流的作用,在一定条件下,常为一些宽河道河堤、海堤防护所采用。黄河下游因泥沙淤积、河床宽浅,主流游荡摆动频繁,常出现水流横向、斜向顶冲堤防,造成威胁的情况,因此,较普遍地采用丁坝、垛(短丁坝、矶头)以及坝间平顺护岸的防护布局形式,保护堤防安全。长江在河口段江面宽阔、水浅流缓,也常采用丁坝、顺坝保滩促淤,达到保护堤坝安全的目的。坝式护岸按平面布置划分,有丁坝、顺坝以及丁坝与顺坝相结合等。坝式护岸按结构材料与水流、潮流流向关系,可分为透水、不透水坝;淹没、非淹没坝;上挑、正挑、下挑坝等。

③墙式护岸。

墙式护岸也称为重力式护岸,顺堤岸设置,具有断面小、占地少的优点,但要求地基能满足需要的承载能力。此类护岸常用于河道狭窄、堤外无滩、受水流淘刷严重的重要崩岸堤段,如城镇、重要工业区堤防等。墙式护岸的临水侧采用立式、陡坡式、台阶式等;背水侧可采用直立式、斜坡式、折线式、扶壁式、卸荷台式等。墙式护岸一般宜在较好的地基上采用,如地基承载力不能满足要求时,需对地基进行加固处理,还可在墙体结构上采取适当的措施,减少墙体荷载。墙式护岸基础深不宜小于1.0m,并按防冲要求采取护基、护脚措施,特别在水流冲刷严重的堤段更要加强护基、护脚。

④其他护岸形式。

其他护岸形式有坡式护岸、坡式与墙式相结合的结合式护岸、桩坝、码搓坝护岸、生物工程护岸等。

(2)常用护岸措施及材料

①抛石。

抛石是最常采用也是最传统的护岸工程的施工方法,是按设计要求堆抛块石达到护脚、护坡,治理崩岸的目的。抛石护岸至今仍为大多国家作为护岸工程的主要形式加以采用。如美国密西西比河下游,自1964年以来大量使用堆石丁坝,德国境内莱茵河也是如此。我国采用抛石护岸,更是历史悠久,具有较丰富的经验。

②草皮护坡。

根系发达的草皮护坡可以起到防浪和防止水流冲刷的作用,兼有绿化、美化环境的效果,同时造价低,是一种很好的生物防护方法。近30年来,随着土工合成材料的发展,土工织物草皮护坡应运而生,它比单一的草皮护岸具有更高的抗冲能力。草皮护坡一般用于背水堤坡的防护,作为崩岸的治理措施,只能用在不经常过水的季节性河流或临水坡前有较高宽滩地的一般堤段。

如越南广义省是一个滨海城市,当地的年降雨量相当之大,往往导致洪水泛滥。由于水流流速相当大及洪涝灾害的影响,加上船舶航行时产生的船行波的冲刷,运河岸坡侵蚀现象相当严重。当地曾经采用刚性护岸结构,但不成功,因为岸坡属于砂性土,而且水流流速太大。最后通过试验测试了香根草护岸的可能性,通过2年时间9个试验点的试验证明,香根草完全适合当地的水流情况。香根草护岸技术与混凝土护岸技术相比的一个最大优点就是可以大幅度地节省工程造价并且减少护岸的长期维护。如图1-17所示。

③混凝土异形块和钢筋石笼。

混凝土异形块和钢筋石笼也是护岸工程实际常采用的传统结构,其优点是具有较大的体积、重量,抗冲性强,经常与抛石护脚结合使用。特别是石笼的运用,在欧洲已有100多年的历史,美国也在近70年以来大量使用。下面详细说明混凝土异形块和钢筋石笼护岸防冲的应用。长江下荆江因坡降陡、水流急、流量大、河床深,而导致河弯多、崩岸线长、河岸崩塌强度大,以致护岸任务十分繁重。从20世纪60、70年代的守矶点控制崩岸线,到80、90年代的削矶平顺护岸;从抛块石、抛柴石枕,到抛塑袋土枕、沉混凝土铰链排,守护形式在不断改善,用材在不断探索。但传统的护岸形式及材料无法根治急流顶冲段的崩岸,弯道迎流当冲段河床仍在刷深,崩岸仍时常发生。受三峡截流用材的启发,我们设计了混凝土异形块和钢筋石笼这两种重型护岸防冲材料,并应用于长江下荆江急流顶冲段护岸工程实际中,取得了一些经验。在美国得克萨斯州科伯斯克里斯提航道(图1-18),由于船行波淘刷严重,导致岸坡不断崩塌，过去20年采用了各种护岸技术效果都不理想，最后选用了混凝土连锁护面块结构。混凝土连锁护面块一般用于岸坡的防护，尤其是多用于水位变动的区域，如岸坡内侧马道附近。所谓连锁块，即由预制的块体并排嵌套契合组成，块与块之间相互搭接，与干砌块石相近。单块的体积、重量都较小，以便手工操作，能够适应岸坡的变形，而且块体与块体之间可以种植植物，可保护生态环境。

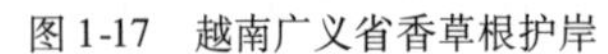

图1-17　越南广义省香草根护岸

图1-18　美国得克萨斯州科伯斯克里斯提航道

④混凝土连锁护面块结构。

再如北京市区北部的清河在立水桥—外环铁路桥段河道右岸采用石笼和生态袋护岸并绿化。常水位以下采用格栅石笼和高镀锌铅丝石笼加浅水湾，取得了良好的效果，其护岸结构形式如图1-19所示。

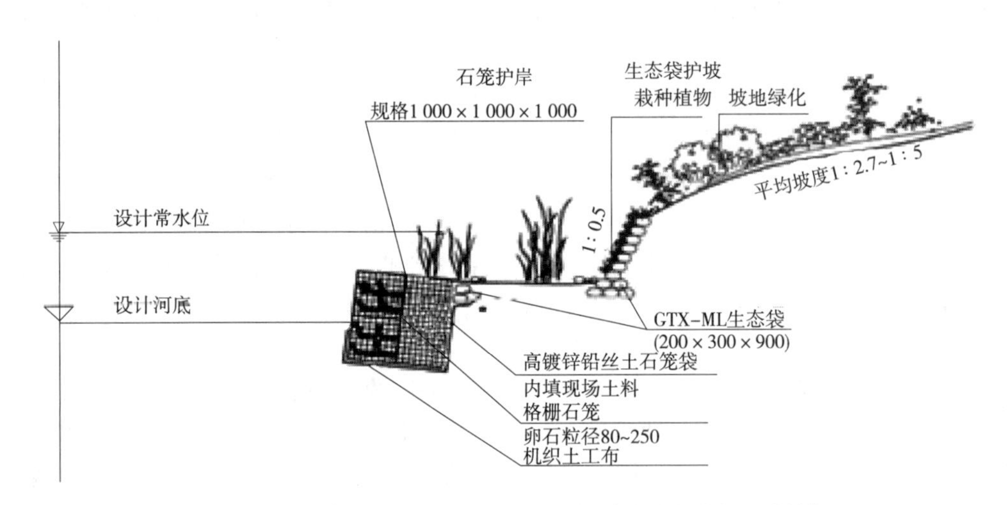

图1-19　北京清河立交桥—外环铁路桥段石笼生态袋护岸形式（尺寸单位：mm）

第五节　航道岸坡治理的生态胁迫因素分析[31,35]

一、传统岸坡治理方式对河流生态多样性的威胁

航道工程建设对河流生态系统的胁迫分可为两类：第一类是破坏河流形态的多样性，影

响河道和河床的水体及微生物交换;第二类是破坏河流的连续性。传统的护岸工程建设主要对河流形态多样性造成危害。

天然河流的形成是经过漫长的岁月演变而逐步稳定的。一条典型的河流,水陆交错,蜿蜒曲折或处于分汊散乱状态,或依山傍水,或河湖相连,形成了深潭与浅滩相间的多样性断面,为众多的河流动物、植物和微生物创造了赖以生长、生活、繁衍的宝贵栖息地。为了满足河流的航运功能,人们通过工程措施,对河道断面束窄加深,同时将蜿蜒曲折的天然河流形态改造为直线或折线型的河流或是裁弯取直,使河道的深潭与浅滩、急流和缓流丧失,河道断面呈现均一化和水流均匀化,河岸带亦变得简单、功能单一,不同程度上降低了河流形态多样性,结果导致水域生物群落多样性的降低,使生态系统的健康和稳定性都受到不同程度的影响。

二、传统岸坡治理方式对水生态造成的威胁

河流的河道形态决定着上下游之间、河道与河漫滩之间、地表水与地下水之间发生的许多生态过程,三维的连通性对河流的生态完整性起着重要的结构作用。天然河流的纵向连通性使其成为河流物质、能量和信息传递的通道,有利于生物的迁徙、生长和繁衍后代。河流的垂直连通性使河流在垂直方向形成“气—液—土”三相开放系统,为生物提供了生境。河流的侧向连通性为生物在河道及两岸动物的移动提供了通道,河岸两侧缓冲带的多样性为各种不同等级的动物提供了适合各自生存的栖息地。

然而,为防止船行波造成的岸坡侵蚀,用石块、混凝土、钢筋等高强度材料对河床及河岸进行硬化覆盖,割裂了水体与土壤的关系,水—土—植物—生物之间形成的物质和能量循环系统被破坏,使河流的三维空间连续性遭到破坏,进而影响到河流的物理水质指标和化学指标、河流的泥沙淤积、河流栖息地生物移动和河流鱼类洄游等。

三、传统岸坡治理方式对陆域生态环境造成的威胁

传统护岸工程的建设往往伴随着大量河畔林、溪畔林被砍伐,对河岸带原有的陆域生态环境造成严重破坏,浅槽、沼泽地大量消失,许多野生动植物也都随之消失。

四、传统岸坡治理方式对河道景观造成的威胁

现代景观生态学将城市河流看作廊道(通道)及生态边缘区,强调河道的自然化及两岸的亲水性。在满足防洪要求的基础上,尽可能保持城市河流的自然状态,营造优美的水边环境,提供丰富自然的亲水空间已被纳入现代城市景观的规划范围。

在护岸工程施工中会留下许多裸露的开挖边坡、填土边坡、弃土边坡,对河岸的自然植被有一定破坏。此外,修建完成的整治建筑物大部分为裸露的混凝土,影响了周边自然环境。同时,混凝土、石料等灰色硬性材料的大量应用对河道景观造成胁迫。

此外,尚存在因航道维护和运营对河流生态造成的胁迫。如航道维护工程,基建性疏浚工程,对环境的影响主要表现在疏挖实施过程中对水质、生态系统和陆上抛泥区及排水对周围土壤、地下水及地表水等方面的影响。航道运营过程造成的生态胁迫,主要是船舶的污染排放以及水上营运人员对航道环境保护意识的淡薄对航道水域生态环境造成的胁迫。

第二章　航道岸坡绿色生态治理技术应用实践

根据目前国内外的生态护坡技术的理论研究和工程实践，一般可以将植物护坡关键技术分为三类：土壤生物工程、全系列生态护坡以及复合式生物稳定技术。其中，土壤生物工程的护岸植物形成的河岸景观比较单一，有时密集生长的护岸植物导致生物多样性可能降低；复合式生物稳定技术对岸坡的稳固作用最有效，但成本和施工难度较高，且石笼、土工布等人工基质不适合其他本地植物的生长，导致植物群落结构单一，多样性较低。

生态护坡工程实施前，对工程区域进行详细的现场勘查，分析岸坡的功能定位、周围环境特征、土壤类型、水文条件等因素，确定岸坡生态修复的目标。在此基础上，结合各类生态护坡技术的特点，从而选定适宜本区域的生态护坡关键技术。以植物保护为主的植被型生态护岸，适用于水域宽阔且气候温暖的河床滩地或缓坡；采用植物与天然或人工材料相结合的综合型生态护岸，主要用于河道宽度受限或在航道治理中需要人工处理岸坡的工程。

第一节　岸坡绿色生态治理的实践

国内外有关生态护岸建设的实践经验表明：生态建设重在建设理念，在于各级政府的重视（或法律）；生态护岸的建设必须考虑航道所处的周边环境、自然条件以及船型、船舶密度等因素，从适应性、耐久性、经济性、生态性、景观以及维护管理等角度出发，统筹考虑，因地制宜，讲求实效，力求工程的生态效应和工程效益的统一。

一、河道中的植被护坡技术

1. 植被护坡机理分析

生态设计是指在现代科学和社会文化环境下，运用生态学原理和生态技术，研究如何对自然的物质与功能进行合理的利用、良性循环，实现社会物质生产和社会生活的生态化。生态设计的基本理念是与自然生态相作用、相协调，将生态设计引入航道护岸设计中，能保证航道建设在满足航运功能的基础上，最大限度地保护沿岸生态环境，保持生态平衡，营造自然、和谐的水岸环境，促进内河水运的可持续发展。

岸坡的绿色生态治理主要就是通过植物的防护作用达到固滩、护坡的目的。植物根系的生长能够增加土壤有机质的含量，改善土壤结构。根系又分为浅根和深根，浅根加筋，深根锚固，增加了土壤抗侵蚀的机械强度。植物的茎叶可以吸收、阻拦和分散水流，消浪，减弱岸坡冲刷。具体而言，植被的护坡机理可从消浪作用、锚固加筋作用和截留削弱作用三个方面加以阐述。

（1）植物的消浪作用

柔性枝叶对水面的覆盖度大，以及植物散布在水体空间的柔性枝叶对波浪能量的吸收、消散作用，使水体动能下降，降低了波浪对堤身的冲击力。模型试验表明，柔性植物宽度较宽时，植物后的波高很小，几乎看不出波浪的形态，只有水体的紊动，波浪爬高也大大降低，消浪系数能够达到90%。

（2）植物的锚固加筋作用

植物的深粗根本身具备一定的强度和刚度，当其穿过坡体浅层的松散风化带，深入到深处坚硬的土层上，将会起到锚固体系的作用。禾本科、豆科植物和小灌木在地下0.75～1.5m深度处有明显的土壤加强作用。树木根系的锚固作用可以影响到地下更深的岩土层。深粗根具有一定的刚度，周覆土体发生移动趋势时，将产生一定的摩擦力，此时深粗根系类似于锚杆系统。植草的浅细根系在坡体浅层错综盘结，草根的张拉将限制土体的变形，草根可视为带预应力的三维加筋材料。若不考虑根系之间的强度和尺寸差异，根土的相互作用可看成纤维加筋土的模式。大量的试验表明，纤维加筋土的三轴试验结果与不加筋土相比，其强度破坏线的倾角几乎不变，但是强度线坐标轴的截距增加了，亦即产生了一个“黏聚力”增量。

（3）植物的截留削弱作用

护坡破坏的主要原因之一就是水，包括降雨、溅蚀、地表径流等，植物的存在能很好地抑制住类似破坏。如：截留降雨量是跟植被覆盖度有关，草本植物可以完全消除雨滴的溅蚀作用。有植被的土壤，因为植物丛状覆盖，有效地分散并减弱地表径流，而且还阻截径流和改变汇集径流的形态，将直流变成环流。但是植物的这些作用也不完全是好的，比如说植被可增加土壤渗透，减少地表径流，限制面蚀；而渗透性的提高也增加土壤的孔隙水压、降低土壤强度及根系的土壤加强作用，增大发生滑坡的可能性。但植物根系吸收土壤水分，遏止了土壤强度的降低。这种机械效应和水文效应相互作用的程度，在不同地方、不同时间会有不同的表现，决定于特定地点的气候、土壤和植被状况。所以，在实际工程中，运用植被对河道进行护坡时应扬长避短。

根据国内外的生态护坡技术的理论研究和工程实践，一般可将植物护坡关键技术分为三类：土壤生物工程、全系列生态护坡以及复合式生物稳定技术。

2. 植被护坡关键技术介绍

（1）土壤生物工程护岸

土壤生物工程是一种边坡生物防护工程技术（图2-1）。这种技术在国外已经发展了几十年，用于公路边坡、河道坡岸、海岸边坡等各类边坡的生态治理。这类护岸技术使用大量的可以迅速生长新根的本地木本植物，最常用的木本灌木和乔木，如柳（*Salix* spp.）、杨（*Populus* spp.）、山茱萸（*Cornus* spp.）等。

利用这些存活的植物体（主要是枝条），主要有活枝扦插（要求没有高强度的冲刷作用，图2-2）、柴笼（主要应用在坡度较大、河水流速大、坡面侵蚀较严重、植被稀少的坡岸，图2-3）以及灌丛垫（高密度、高强度，主要用来保护那些土壤团粒结构差、抗侵蚀能力低、植被比较稀少、受坡面径流影响较大的坡岸，图2-4）三种工程类型，以“点、线、面”的种植方式对整个边坡进行生态修复。优点是近自然型、成本低、养护要求低、施工简单等；缺点是护坡植物形成的河岸景观比较单一,有时密集生长的护坡植物导致生物多样性降低。该类技术一般运用在土壤侵蚀较严重、土质松散、景观要求较低的郊区河段。

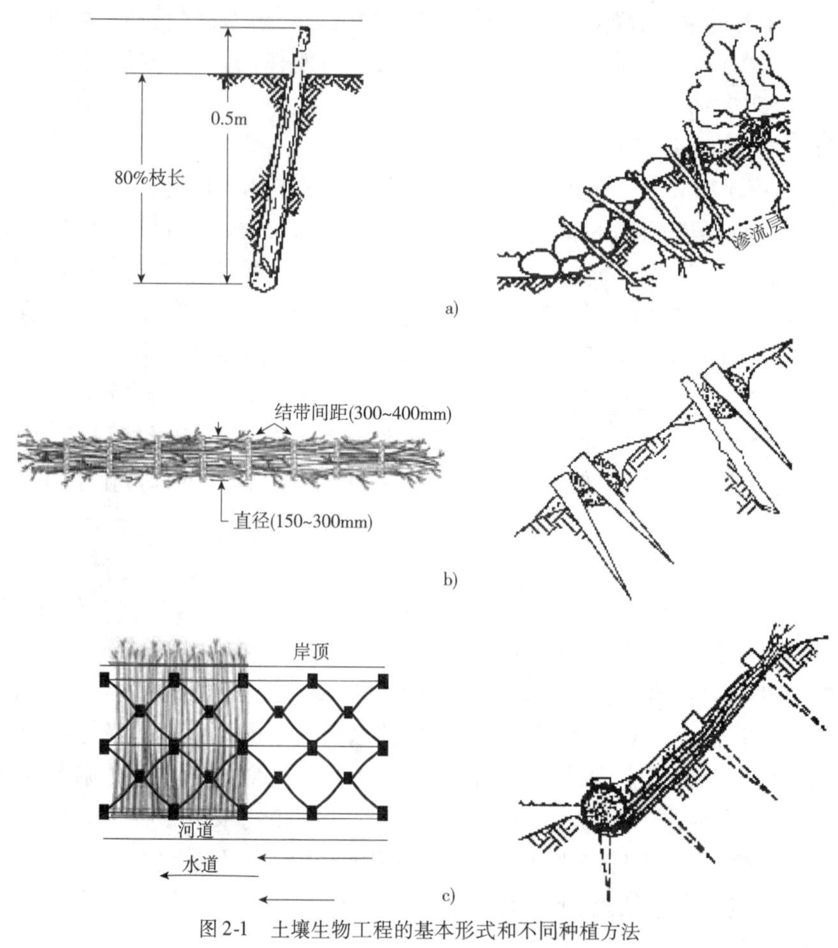

图 2-1 土壤生物工程的基本形式和不同种植方法

a)活枝扦插;b)柴笼;c)灌木丛

a) b)

图 2-2 镇畅塘港—沙脚河交界处坡岸的活枝扦插

a)扦插后 10d(2004. 3. 19);b)扦插后 110d(2004. 6. 30)

a)

b)

图 2-3　八一河人工湖泊浮叶岛的活枝柴笼捆插
a)柴笼施工时情形(2004.3.19);b)种植后 162d(2004.8.30)

a)

b)

图 2-4　沥青河的活枝层栽(灌木垫)
a)刚种植完成时情况(2004.4.05);b)种植后 85d(2004.6.30)

(2)全系列生态护坡

全系列生态护坡技术是从坡脚至坡顶依次种植沉水植物、浮叶植物、挺水植物、湿生植物(乔、灌、草)等一系列护岸植物,形成多层次生态防护,兼顾生态功能和景观功能(图 2-5)。挺水、浮叶以及沉水植物,能有效减缓波浪对坡岸水位变动区的侵蚀。坡面常水位以上种植耐湿性强、固土能力强的草本、灌木及乔木,共同构成完善的生态护岸系统,既能有效地控制土壤侵蚀,又能美化河岸景观,但其护坡成本和养护要求较高。该技术主要应用在那些表层土壤侵蚀、植被稀少、景观要求较高的河段。

a)

b)

图 2-5　京杭运河两淮段航道护岸工程的植物配置模式
a)芦苇 + 杨树 + 棕榈;b)芦苇 + 水杉 + 垂柳

(3)复合式生物稳定技术

复合式生物稳定技术是生物工程护岸技术与传统工程技术(如土工布、石笼等)相结合的复合式生态护岸技术。这种生态护岸技术强调活性植物与工程措施相结合,采用水泥桩浆砌石块的传统护岸技术,以达到在复杂地址条件下的固坡作用,附以活枝柴笼捆插和活枝扦插土壤生物工程技术。其技术核心是植生基质材料,依靠锚杆、植生基质、复合材料网和植被的共同作用,达到对坡面进行修复和防护的目的。复合式生物稳定技术对河岸的稳固作用最有效,但成本和施工难度较高,且石笼、土工布等人工基质不适合其他本地植物的生长,导致植物群落结构单一,多样性较低。该技术适用于水力学或河岸侵蚀比较突出的坡岸,比如易坍塌的陡坡或侵蚀严重的坡岸。如图2-6、图2-7所示。

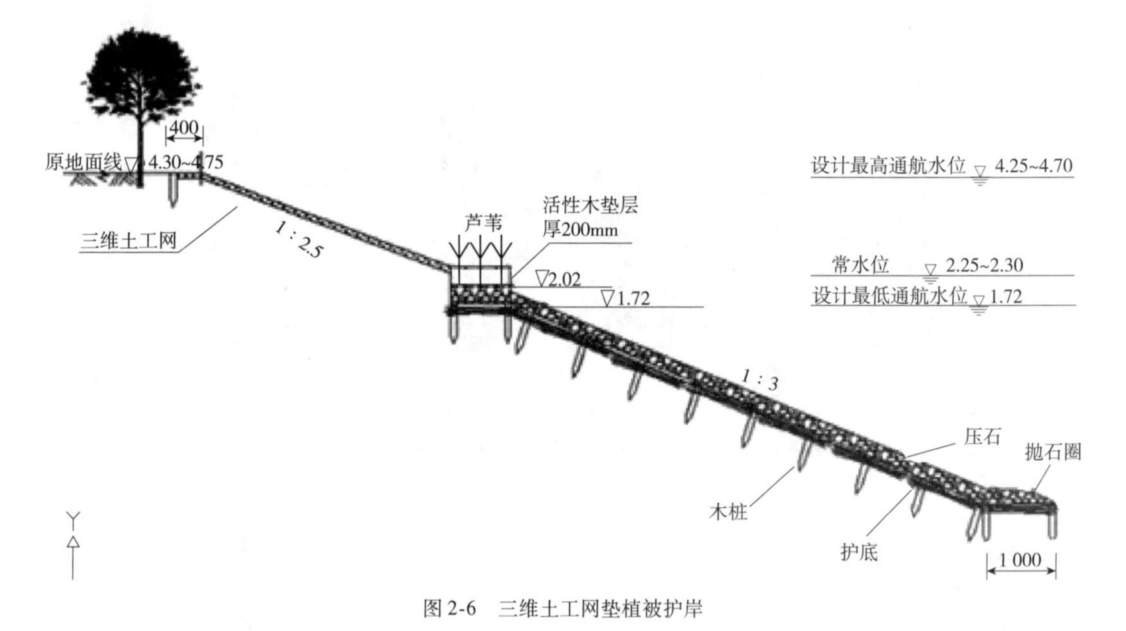

图2-6　三维土工网垫植被护岸

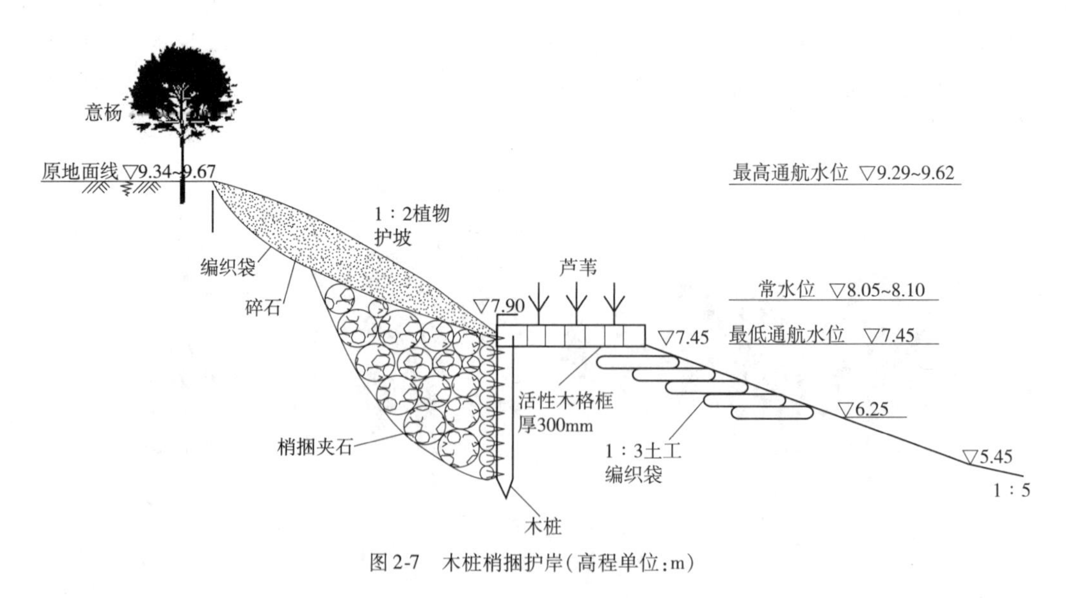

图2-7　木桩梢捆护岸(高程单位:m)

二、国外生态护岸的建设实践

1. 植被型生态护岸

(1)德国碎石覆面岸坡加固[36]

德国把保护环境视为仅次于就业的国内第二大问题,德国是最早采用生物岸坡加固技术的国家。其有总长度7 250km的河流和运河,在莱茵河、维瑟河等河流上进行了大量的植被型生态护岸建设试验,并进行长期观察,效果显著,如图2-8~图2-10所示。其中,在治理莱茵河航道工程时,致力于拆除不合理的航行、灌溉及防洪工程,拆掉水泥护坡,以草木绿化河岸,对部分裁弯取直的人工河段重新恢复其自然河道等,实现航道与自然的和谐发展。

a)

b)

图2-8 莱茵河上游碎石铺面及干砌护坡

图2-9 莱茵河下游植被技术

(2)日本植被型生态护岸[37]

工程实例1:日本静冈市阿多古川、浅烟川松木护岸。该护岸边坡较陡,采用了木桩、木框加毛块石的工程措施,见图2-11。这种护岸工程既能稳定河床,又能改善生态和美化环境,避免了混凝土工程带来的负面作用。

工程实例2:日本绿川河治理工程。日本熊本县绿川河津志田地区的多自然河流建设,于1994年设计施工(图2-12),经过7年的自然恢复,丁坝导流工程几乎完全被植物覆盖(图2-13)。

图2-10 蓄水调节后的维瑟河

图 2-11　日本静冈市浅烟川松木护岸

图 2-12　1994 年设计施工完成时的地貌状况

图 2-13　7 年后丁坝几乎被全部覆盖

(3)老挝湄公河 Soda 护岸技术[38]

湄公河沿岸岸坡属于非沉积沙性土质,季节性的水位波动相当之大(可达 10m),再加上船行波淘刷严重,导致岸坡极易发生侵蚀。为了解决这个问题,老挝从日本引进了 Soda 护岸技术。Soda 技术是日本的一种传统的自然友好型的护岸技术，它的主要材料是柴捆或树枝，以柴笼的形式组合成满足岸坡坡度要求的形式。

在涓公河的护岸中采用了两种形式的 Soda 技术。一种是 Soda 网垫（Soda Mattress），捆扎好的 Soda 装配成格子结构，里面填充沙石，放置于河床上来保护河床不被侵蚀，如图 2-14 所示。另外一种是柳枝圆石 Soda 护岸（Willow Branch Works with Cobblestones，图 2-15），这种技术适于用在较缓的岸坡上，实施效果如图 2-16 所示。这种护岸技术造价便宜，抗船行波冲刷能力也较好，但是占用土地资源相对比较多。

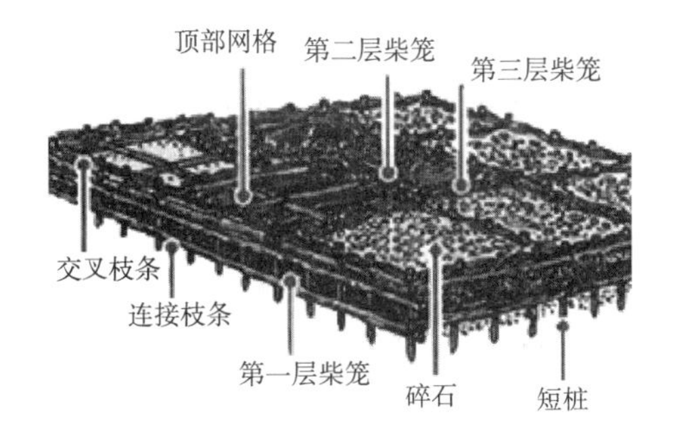

图 2-14　Soda 网垫

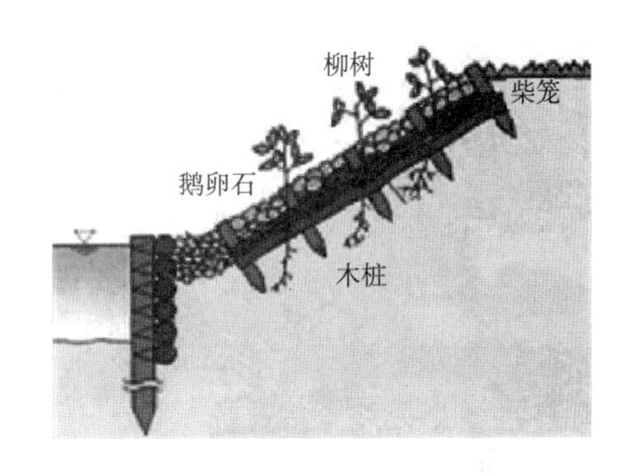

图 2-15　柳枝圆石 Soda 护岸

a)

b)

图 2-16　老挝涓公河护岸施工前后对比图

(4)英国布雷克诺克郡和蒙默思郡运河上的椰子纤维卷护岸技术[39,40]

在南威尔士的布雷克诺克郡和蒙默思郡运河两百米的岸线上，为了阻止运河岸坡的侵蚀，并创建一道自然的水边风景带，环境友好型的椰子纤维卷护岸技术得到了采用，见图2-17。这种椰子纤维卷是用椰子的外皮制成的，并且在里面种上生命力很强的当地植物，然后用剑麻把椰子纤维卷系紧在栗子树木桩上，离开正在流失的岸边一段距离，最后在椰子纤维卷和马道之间填上从该段运河中挖出的淤泥，形成了一道新的河岸。接着要在淤泥里种上当地的植物，一旦新的河岸形成后，运河边上的马道就要拓宽并用好的石头重新铺面。

在英国最繁忙的兰戈伦运河航道上，也采用过椰子纤维卷的护岸技术。

(5)越南广义省的香根草护岸[40]

越南广义省是一个滨海城市,当地的年降雨量相当之大,往往导致洪水泛滥。由于水流流速相当大及洪涝灾害的影响,加上船舶航行时产生的船行波的冲刷,广义省的运河岸坡侵蚀现象相当严重。因为岸坡属于砂性土而且水流流速太大,因此无法采用刚性护岸结构。最后,选用香根草进行试验。通过两年时间在9个试验点的试验,结果证明香根草完全适合当地的水流情况,如图2-18所示。

图2-17　椰子纤维卷护岸

图2-18　香根草护岸

香根草护岸技术与混凝土护岸技术相比的一个最大的优点,就是可以大幅度地节省工程造价并且减少护岸的长期维护。

2. 综合型生态护岸

(1)日本米之津川护岸[37]

日本米之津川护岸形式——水下砌筑不规则预制鱼巢(图2-19),为鱼类等水生动物提供生存环境;两端斜坡为两栖动物上下岸提供可用空间。

(2)美国德克萨斯州科伯斯克里斯提航道混凝土连锁护面块结构[40]

在美国德克萨斯州科伯斯克里斯提航道,由于船行波淘刷严重,导致岸坡不断崩塌,过去二十年采用了各种护岸技术效果都不理想,最后选用了混凝土连锁护面块结构(图2-20)。这种护岸结构抗船行波淘刷能力较强,而且具有生态环保效益,在石料缺乏的地方,适合推广应用。

图2-19　日本米之津川鱼巢护岸

图2-20　混凝土连锁护岸工程

(3)德国中部运河板桩岸坡加固防护[41]

在德国中部运河航道,选用了板桩结构,见图2-21。这种护岸结构简单,抗船行波淘刷能力较强,透水透气,具有生态环保效益,在土地资源和石料资源匮乏的地区,适合推广应用。

a)

b)

图2-21 板桩护岸工程

三、国内生态护岸的建设实践

1. 植被型生态护岸

植被型生态护岸的研究重点是在植物选取前查明沿线河岸带不同类型植物的耐水性能,掌握其耐水规律,重点生长特性和生长规律,了解美学价值和经济价值,并对其固滩、护坡和防冲作用机理进行调查、分析与测试,应用科学实验和综合评价方法,筛选出适宜河岸种植的植物品种,在护坡、景观、经济选择中优化选择植物品种并配置群落结构。

(1)京杭运河两淮段生态护坡[40,42]

在京杭运河两淮段航道整治工程中,引进生态理念,利用原本就生长茂盛的芦苇等主体绿色植物作为航道岸坡防护材料,提出了适宜京杭运河两淮段航道护岸工程的植物配置模式。对于原生态较好航段,采用芦苇作为护坡材料,与周边环境浑然一体,让航道成为一道靓丽的水上风景。芦苇具有减风消浪、固土护岸、吸污净水的功能。芦苇生长相对低矮,不占空间,与高大的杨树、棕榈、水杉、垂柳等正好优势互补,以最大限度地利用空间,如图2-22、图2-23所示。

图2-22 芦苇植被护坡:芦苇+杨树+棕榈

对于部分受冲刷严重岸段,采用柳树桩支护,水边补植菖蒲或芦苇等水生植物,既减少了水土流失,又与周边景观相协调,见图2-24。

图 2-23　芦苇植被护坡:芦苇 + 水杉 + 垂柳

图 2-24　柳树桩支护植被护坡

对于生态护岸与工程护岸的衔接段,采用设置斜坡式护坡、台阶踏步等手段(图 2-25),保证生态护岸与工程护岸的自然衔接。

图 2-25　生态护坡与工程护坡衔接段布置

(2)京杭运河宿迁城区段[40]

第一种方案:芦苇加抛石生态型护岸(图 2-26),有效减少了船形波对后方直立式护岸的冲刷,与岸边绿化相结合,创造了良好的自然环境。

第二种方案:生态袋加插柳护坡(图 2-27),具有良好的固土和透水性能,给柳树提供了优良的生长环境,增强了护岸的生态效果和景观效益。

(3)浙江湖州东苕溪航段[43]

浙江湖州东苕溪航段原始生态较好、水面宽阔,根据该地段的原始岸坡等情况,该航道治理过程中保留了完整的原生态航道状态。如图 2-28 所示。

图 2-26 芦苇+抛石生态型护岸

图 2-27 生态袋+插柳生态型护岸

2. 综合型生态护岸

综合型生态护岸的研究重点是除需要研究适宜的植物外，尚需研究合适的护岸结构形式。首先需满足安全稳定性的要求，尽可能美化工程环境；能够适应水体交换，尽量减少对水生动植物生活、繁衍、栖息的影响，尽量设置多孔性构造；在水位变幅范围内的护岸，应根据不同区域和部位选择合适的植物；尽量采用自然材料，避免二次环境污染；护岸建筑考虑人性化设计，满足人们的亲水要求等。

(1)湖嘉申线湖州段航道改造工程[43]

浙江杭嘉湖地区有着丰富的内河水运资源，经过“九五”、“十五”期的升级改造，内河航道网的骨架已基本形成。在新一轮的内河航道建设中，为充分体现“人与自然和谐相处”的发展理念，提升内河航运建设水平和品位，通过《内河航道生态型护岸研究》(2004～2006年)，在湖嘉申线湖州段航道建设工程中应用多种生态护岸形式，旨在通过工程措施与生物措施相结合,达到既满足航道航运功能,同时兼顾改善或维持沿岸生态环境、保持生态平衡的研究目的。

图 2-28　生态护坡与工程护坡衔接段布置

①第一种方案:透水型预制混凝土沉箱式护岸。

工程中引入江南园林景观设计特点,采用了亲水性、透水性强的预制混凝土沉箱式护岸,透水沉箱式护岸可实现挡墙前后水体交换,改善生态环境、净化水质。如图 2-29 所示。采用预制混凝土箱形成护岸墙体,箱内可填土绿化,增强护岸透水性,营造湿地环境,为动植物生长提供条件,挡墙迎水面设计镂空花纹,既美观又便于水中小生物的吸附,有利于小鱼小虾的生存,并能够实现规模化制作和机械化施工,有利于提高施工质量和效率。透水性预制混凝土箱式护岸必须考虑地质条件和施工条件,安放箱体时需保证岸线顺畅美观。

图 2-29　透水型预制混凝土沉箱式护岸

②第二种方案：混凝土劈离块护岸。

在浙北航道网主要干线航道嘉于硖线的嘉兴市区南郊河段航道护岸工程（2004～2006年）中采用了混凝土劈离块，就地取材，利用电炉渣等工业废料，降低了生产成本，减少了对环境的破坏工业污染，景观效果好。

混凝土劈离块护岸利用电炉渣等工业废料作为制作辅助材料，既可就地取材，降低生产成本，又可减少对环境的破坏和工业污染，对保护环境和节约石料资源具有重要意义。同时在护岸前增铺块石护脚和顶部铺设米字形消浪块，可起到减弱船行波和防冲刷的效果。如图2-30、图2-31所示。

图2-30 混凝土劈离块护岸施工

图2-31 混凝土劈离块护岸建成后

（2）京杭运河扬州城区改造[44]

扬州段采用了预制混凝土连锁块铺面护岸（图2-32），结构相互咬合，稳定性好，表面植物覆盖，增强了视觉的软效果，与周边环境和谐统一，具有良好的整体性，能适应一定程度的沉降变形。

预制混凝土连锁块护岸独特的连锁设计使每一个预制块被相邻的四个预制块锁住，保证每一块的位置准确并避免发生侧向移动，具有高强度、耐久的特点。预制混凝土连锁块铺面护岸，能方便快速安装，铺设在土工织物上，每一个大块体由小块体相互咬合而成，从而使铺面形成一个整体，块内空腔植草，具有稳定性好、经久耐用、改善生态环境等优点，适用于水位变幅区或原始地面较高的地段。

图 2-32　预制混凝土连锁块铺面护岸

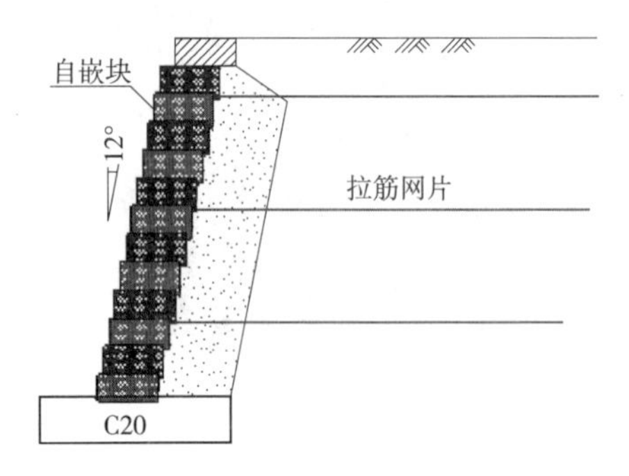

图 2-33　自嵌块示意图

(3)京杭运河宿迁城区段[40]

宿迁城区段采用了自嵌块护岸,外形呈 12°斜角(图 2-33),加筋带采用蠕变小的材质,能有效制止局部墙体鼓出现象,砖块间留有竖向孔,透水性好,适于挡墙前后水体交换和植被生长,孔内植草,与周边环境相协调。

自嵌块护岸(图 2-34)为混凝土砖块,采用台阶式自下而上逐层干垒相嵌砌筑成挡土墙,在高度上根据土(水)压力的分布情况,设置土工格栅(或土工带)加筋带,减少墙后土(水)压力对墙身的作用力,加筋带间距采用下密上疏的形式,在砖块留有的竖向孔内植草,适用于水域较宽、岸坡较陡、水深较浅的航道边坡。

图 2-34　自嵌块护岸

(4)盐灌船闸工程三角洲护岸[45]

采用格宾石笼护岸(图 2-35),钢丝材料为低碳钢丝,经热厚镀锌并覆塑的表面防腐处理工艺;填石为粒径 100 ~ 300mm 的块石或卵石,填充率不低于 70%;墙后设土工布以防止土的流失,具有良好的透水性,能适应不均匀沉降,笼内泥土嵌入块石缝中,可形成植物生长的环境。

图2-35 格宾石笼护岸

钢丝网石笼护岸，岸壁为钢丝网，内填石，表面粗糙，具有良好的透水性，可以吸收船行波冲击力、释放填土内水压力，便于填土中孔隙水排出，加快填土的自然固结，有利于结构的长期稳定；该结构还具有较好的柔韧性，对地基变形适应能力较强，不会因地基局部不均匀沉降而导致结构损坏；在钢丝网内有部分泥土嵌在块石缝中，有利于形成植物生长的环境。该结构易受船舶抛锚等外力的损害，宜设置在非船舶停靠区域。

(5)苏南运河镇江陵口段[29]

二级挡墙采用生态袋护岸(图2-36)，袋体与袋体之间用连接扣连接，每四层高用土工格栅反包袋体后，将土工格栅埋设于墙后回填土中压实形成整体。生态袋墙体总高度为3m，坡面喷播草种绿化。

图2-36 生态袋护岸

生态袋护岸利用生态袋内装植物易生长的土壤形成岸壁，在面壁上喷撒草籽。该护岸结构施工时不产生建筑垃圾和施工噪声，对不均匀沉降有良好的适应性，具有环保消声、生态美观的优点。但该结构抗冲刷能力较弱，不能承受船舶的碰擦，宜作为二级挡墙使用。

第二节 岸坡治理生态材料

内河航道水流速度较大，船行波较高以及船舶撞击等原因需要重点考虑，普通小河道、水渠、园林水池适用的自然型护岸并不适用于内河航段的生态护坡。内河航道所选用的生态型护坡材料应具有较高的强度、较好的抗冲撞能力。同时，生态护岸建设应尽量采用各种环境友好型的生态材料，如三维土工网、仿木桩、石笼、生态袋和多孔连续型绿化混凝土等，不过，这些材料各具优缺点，使用时需考虑工程区域河床形态、土质、水流等自然条件以及船舶密度、人为破坏等因素。考虑以上原因，可参考选用材料。

一、三维土工网垫[46]

三维土工网垫是一种为防止坡面侵蚀和恢复原有的生态环境，利用植被对航道边坡进行生态坡面防护的土工合成材料(图2-37)。其以独特的坡表加筋锚固性和植被综合作用于边坡，能有效控制坡面水土流失，减轻高水位时洪水对坡面的冲刷，并可美化护岸，改善生态环境，护坡效果显著，且施工简便，已被许多大型工程所采用。

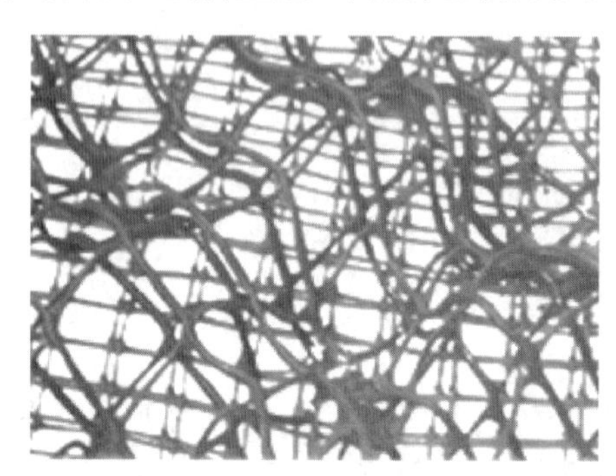

图2-37　三维土工网垫

(1)强度

三维土工网垫(根据其强度大小)有四种形式，其抗拉强度分别为：EM2 型 0.8kN/m^2、EM3 型 1.5kN/m^2、EM4 型 2.2kN/m^2、EM5 型 3.2kN/m^2，如表2-1 所示。由于三维土工网垫的主要作用是提高草间的侧向连续性和草皮的整体性，且埋置在土中，只要草皮生长成形，岸坡被水流冲刷而破坏的可能性不大，就能满足工程要求。

塑料三维土工网垫(CSTF-EM)规格性能指标　　表2-1

指标＼规格	EM2	EM3	EM4	EM5
单位面积质量(g/m^2)	≥220	≥260	≥350	≥430
厚度(mm)	≥10	≥12	≥14	≥16
最大抗拉力(纵横)(kN/m)	≥0.8	≥1.4	≥2.0	≥3.2

(2)耐久性

土工网垫是继土工织物后发展起来的新型土工合成材料，也属于土工织物的一种，其制作材料为高密度的聚乙烯，为高分子有机材料，在有岩土保护的条件下有较高的耐久性，其老化后仍为有机的，对环境的影响很小。根据《水运工程土工合成材料应用技术规范》(JTJ 239—2005)，聚乙烯的耐酸碱性、耐磨性、耐蛀性均为优良，耐紫外线良好，耐久性优良。

(3)优缺点

优点：土工网垫草皮护坡具有成本低、施工方便、恢复植被性强、美化环境等优点。黑色土工网垫不仅可以延缓网垫老化，而且还可大量吸收热能，促进植草生长，延长其生长期。

在有水流的条件下，三维植被网具有良好的消浪作用，可降低岸边流速，促进落淤。

缺点：堤防护坡采用三维植被网草皮护坡，草的根部以一定的形式与三维植被网相结合，防冲能力有一定提高，但在大流速或船行波较大的情况下，防冲能力有限，故比较适用于航道等级较低、常水位以上的坡面。另外，土工网是高聚物，很难被分解，一旦护坡需要改造形式，必须将其全部从土地中取走，费时费力。

(4)施工方法

三维网植草适用于填方边坡高度大于4m时边坡防护。

先按设计坡率平整坡面，然后洒水浇湿，再挂三维网，并用U形钉固定。三维网为三层式三维网，底层为一层，网包两层，原材料为聚乙烯，厚度12mm。采用土工绳按锯齿形缝合搭接，搭接宽度为15cm。挂三维网植草每11.25m为一个沉降段，此处不搭接，只在两边采用加密U形钉固定。

清理坡面→开挖水平沟→客土填平→挂三维网→U形钉固网→回填土→材料(复合肥、保水剂、黏结剂、低纤维、水等)与多草种混拌→液压喷播→盖无纺布→前、中、后期养护。

植草采用液压喷播机完成，喷射完成后及时覆盖塑料薄膜或土工布养护，并适时补浇充足的水分，直至发芽成活为止。

二、仿木桩

仿木桩，即材料为彩色聚合物水泥砂浆，这种砂浆具有极高的黏结性、耐高温、防渗水性、抗裂性和抗冻性能，是一种新型和复合材料。颜色有暗红色、橘红色、黑色，外形依松树榆树皮样式为标准，并做树节、裂缝、脱落皮等仿真效果。对成形表面进行调整、补充、加固、艺术手法展现处理。结构坚固，具有完美逼真的原木仿真效果，能与自然更和谐融洽，其强度、耐水、耐寒、耐候等性能远超过普通石材与木质品。安装方便快捷，无需维护，不腐朽，不风化，抗冲击且不变色。如图2-38、图2-39所示。

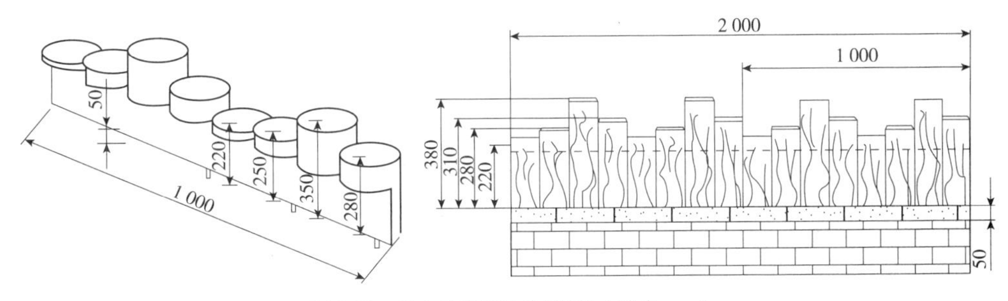

图2-38 仿木桩排列示意图(尺寸单位:mm)

(1)预制安装方法

①根据图纸要求，在基础上预留出立柱安装孔，需注意孔的大小、深度及孔的中心距。

②若预留孔深度超过150mm，则用毛石及素混凝土垫实。

③将立柱放到预留孔中，调整立柱的垂直度，同时间隔10套再安装一根立柱，两根立柱之间拉线以保证安装的水平度。

④将调整好的立柱，用混凝土灌实，养护好。

⑤等立柱安装好后，将栏杆安装在立柱上，用水平尺调整位置偏差。

⑥产品安装时，注意清洁，避免水泥浆粘到产品上（如果有此情况发生，请立即予以清洗，以免砂浆干透后无法去除，影响美观）。

⑦产品安装一段距离后，板与柱之间用白水泥加建筑胶进行勾缝，并用毛刷将随货所配处理材料在此处及产品磕碰处轻刷一层，直至没有色差。

仿木桩安装示意图如图2-40所示。

图2-39　仿木桩挡土墙

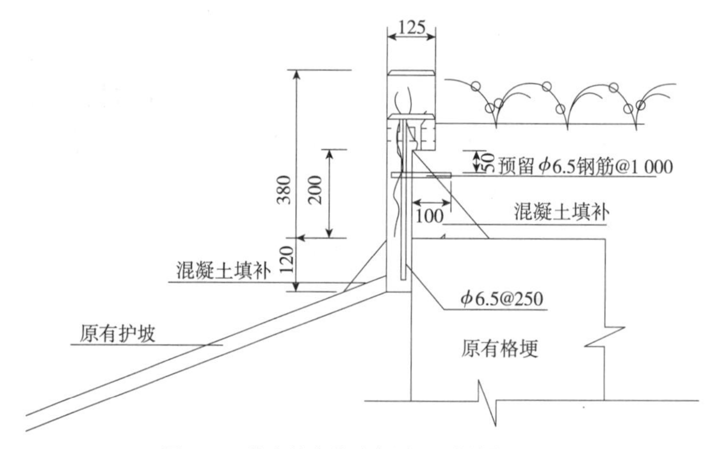

图2-40　仿木桩安装示意图（尺寸单位：mm）

（2）现场施工安装

现场施工与预制安装的最大区别就在于仿木桩为现场浇筑的，可以一根一根浇筑，也可以组为单位浇筑，待混凝土柱子成形后在外面进行面层处理，做出仿木桩的效果。现场施工具有较好的整体性，但施工速度比较慢。

三、石笼[47]

石笼技术是指利用抗腐耐磨高强的低碳高镀锌钢丝或铝锌合金钢丝，编织成双铰、六边形网目的网片，在施工现场组装成不同尺寸规格的网箱或网垫，填充石料，形成柔性的、自透水的、整体性的防护结构。这项技术既能满足工程强度要求，又有利于植物根系与土体间水源的循环，能较好地实现工程结构和生态环境的有机结合，现已是河道中保护河床、治理滑坡等兼顾环境保护工程的首选结构形式，如图2-41～图2-44所示。

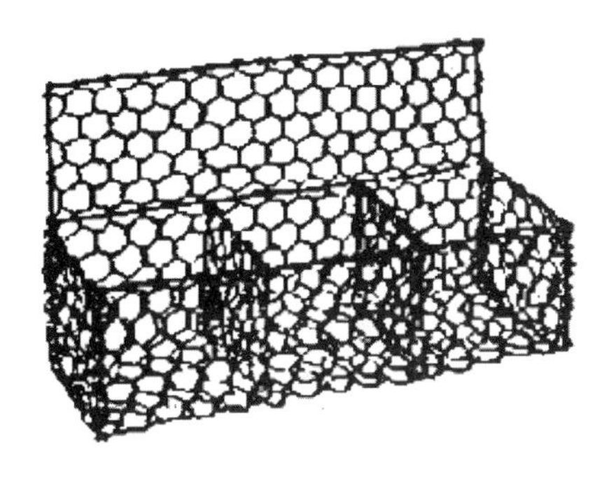

图 2-41　现代格宾石笼

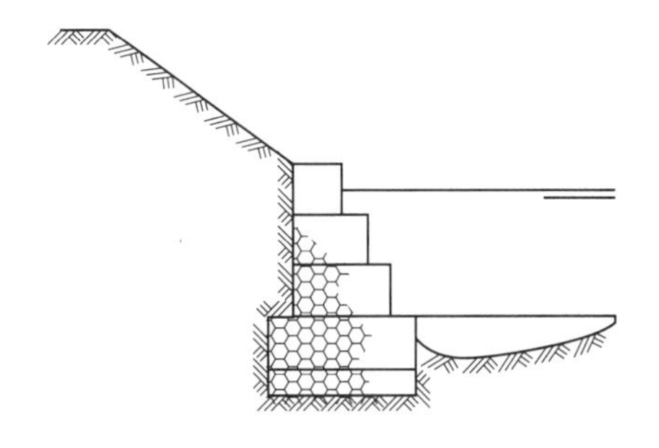

图 2-42　石笼挡土墙示意图

图 2-43　三维土工网垫护坡施工效果图

图 2-44　三维土工网垫护坡透水效果图

(1)强度

制造石笼采用的金属丝,抗拉强度极限为 380 ~ 500MPa。填石的抗压强度为 30MPa。石笼结构要达到最佳效果,必须将注意力更多地放在填石及堆叠的安排上,以使结构体内所有网材发挥其高强的应力特性。另外,作为柔性结构,当风浪上拍时,网箱内填充料的空隙可以粉碎浪花,减小了波浪的冲击力;风浪退下时,同样是其空隙破坏了波浪的真空吸力,又减小了对防护工程的破坏力度,故其抗冲刷、抗风浪的能力较强。

(2)耐久性

石笼结构的耐久性应归结为钢丝的耐久性,钢丝必须采用强度较高的材料。现在对于耐腐蚀的对策是,在钢丝上镀锌或采用 PVC 钢丝,若用于护岸,则尽量不要使石笼结构位于水位变动区。一旦钢丝被破坏,将失去其约束网箱内石料的作用,整个结构的挡土能力将大幅下降,实际的钢丝编织工艺是采用双绞,结构合理牢靠,即使一两根钢丝断了,网状物也不会轻易断开。

(3)优缺点

优点:具有生态性好,透水能力强,抗冲刷、防浪能力强,能适应土层出现的较小不均匀沉降,施工简单、迅速,造价经济等优点。

缺点:水流作用下的金属丝极易被石料磨损,石笼单个网箱一旦出现大于填石粒径的孔洞,整个网箱的石料将流失殆尽。另外,本身存在较多空隙使水渗流在结构体中,以及在石笼结构体及其相邻的土体材料或地基分界面处不断渗透、冲刷,从而导致石笼周围土壤流失,最终引起结构体及其周围土壤的失稳。

除此之外,洪水时,在泥沙和其他杂物磨损下,网箱的稳定性不高,而且不能承受弯曲荷载,所以这种挡土墙修建的都不高。石笼挡墙临空气面的钢丝表面的镀层一旦破损则容易锈蚀,而且整个挡墙的监测破坏工作很难进行。

后期使用中,石笼的钢丝容易被人为剪断造成石料丢失,船舶锚具可能挂破石笼。

四、生态袋[48]

生态袋护坡工程系统,其结构面通过植被的发达根系与坡体结合成一个整体,使人工边坡和原自然边坡之间不会产生分离、坍塌现象,随着时间的延续,日趋强壮的植被根系使边坡结构的稳定性和固定性加强,是自然的、有生命的永久性生态工程。其组成包括:

生态袋:具有不透水不透土的过滤功能,既能防止填充物(土壤和营养成分混合物)流失,又能实现水分在土壤中的正常流通,植物生长所需的水分得到有效的保持和及时的补充。生态袋对植物非常友善,使植物穿过袋体自由生长;根系进入工程基础土壤中,如无数根锚杆完成袋体与主体间的稳固作用,时间越长,越加牢固,实现边坡稳定,并大大降低维护费用。同时具有抗紫外线、抗老化、无毒、不助燃、裂口不延伸的特点,并永不降解,百分之百回收,真正实现了零污染。如图 2-45 所示。

图 2-45　生态袋护岸图

三维排水联结扣:如图 2-46 所示,采用联结扣将一组生态袋相互联结,形成稳定的三角内摩擦紧锁结构。

扎口带和缝袋线:扎口带在施工中起到将已装满填充物的生态袋扎紧袋口的作用,扎带小巧,使用方便快捷,更重要的是它具有抗紫外线及抗拉性强的特点。

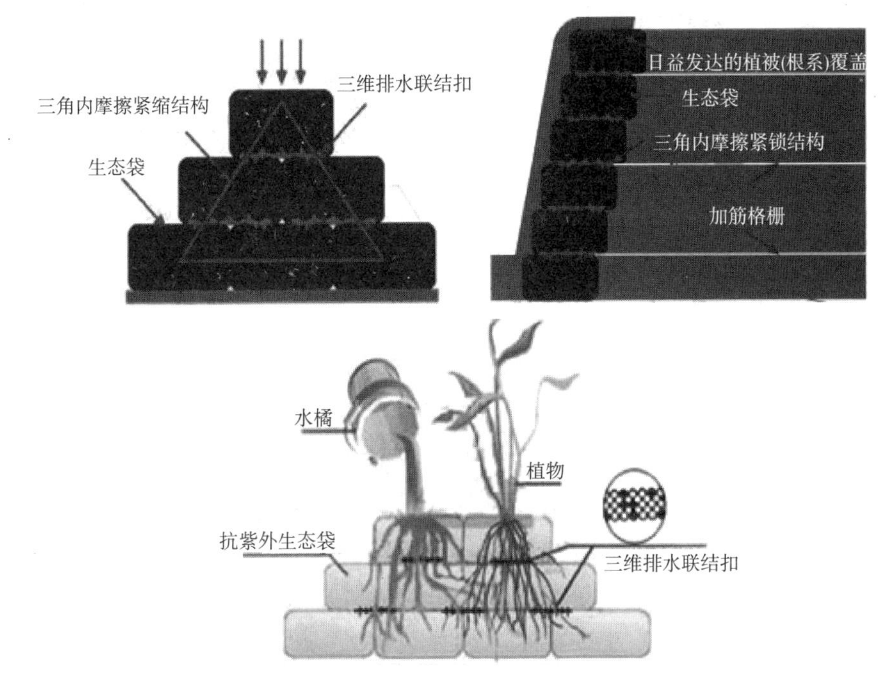

图2-46 结构示意图

加筋格栅(选配材料):是一种以合成树脂为黏结剂,复合纤维为增强材料制成的复合材料,采用拉挤成型方法制成的复合纤维杆体,具有抗拉强度大、耐腐蚀性强、重量轻、锚固反应快等特点。

生态锚杆(选配材料):在构筑较陡的回填土边坡时,三维排水联结扣把加筋格栅和抗紫外生态袋进行联结,对工程的坚固和稳定起到重要作用。

生态袋的特点分别如下:

(1)强度

装有三维排水联结扣的直墙体中的生态袋,可承受3128N(702磅,319kg)的拉力。握持抗拉强度可达335N,梯形撕破强度达175N。

(2)耐久性

使用寿命长,正常情况下可达120年(植被不被破坏的情况下)。

(3)优缺点

①优点:生态环保,植物选择多样化,有利于生态系统的快速恢复,随着时间的延续,日趋强壮的植被根系使边坡结构的稳定性和牢固性更强,施工简单、快捷、方便,一般不需要对基础进行工程处理,可在0°~90°建造任何坡角的边坡,节约工程建设占地,有效阻止土体和营养流失,让植被得以生根和生长。同时,对于坡面的局部空隙能及时填压和补充,造价比传统浆砌石挡墙结构节约30%~60%,使用寿命长,正常情况下达到120年(植被不被破坏的情况下)。

②缺点:在船舶靠岸、抛锚或撞击下可能产生生态袋刮破的现象,影响使用寿命,且单个土袋损坏会影响周围墙体稳定。

五、多孔连续型绿化混凝土[37,49]

绿化混凝土是指能够进行植被作业,并可适应植物生长的混凝土及其制品。多孔连续型绿化混凝土,作为绿化混凝土的一种类型,由多孔混凝土和植生基材两部分组成,其中,植生基材主要包含土壤、粉煤灰、肥料、保水剂、草种等。通航河流护岸采用多孔连续型绿化混凝土作为护砌材料,不仅具有传统护岸的基本防护功能,还能保持河流原有生态条件的稳定,防止水土流失,减少对河流环境的破坏,绿化覆盖也有利于美化河边景观。如图 2-47 所示为多孔连续型绿化混凝土示意图。

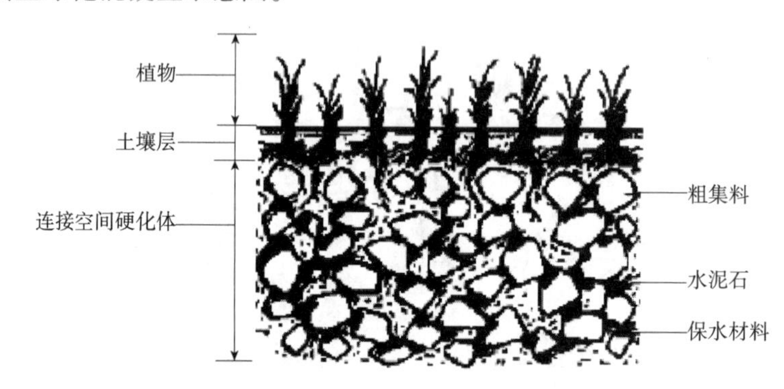

图 2-47　多孔连续型绿化混凝土

(1)强度

多孔连续型绿化混凝土用于河流护岸工程,与自然型护岸或普通草皮护坡相比,具有较高的强度,包括抗压、抗折、抗剪强度。其力学性能主要取决于骨灰比、集料品种与粒径、外加剂、胶凝材料、振动与压制成型工艺。目前,国内缺少有关多孔连续型绿化混凝土的规范或标准,参照日本生态混凝土护岸工法的规定,对于植生为主的护岸,28d 多孔混凝土的抗压强度要求在 10MPa 以上;对于承受流水严重冲刷和船行波淘刷严重的植生型护岸,28d 多孔混凝土的抗压强度要求在 18MPa 以上。在实际工程中,满足设计的混凝土强度等级,能保证在自然条件和通航影响下不破坏。

(2)耐久性

多孔连续型绿化混凝土的混凝土结构,具有较好的抗老化、抗腐蚀、抗压抗折抗剪等性能,满足设计的耐久性要求。普通混凝土护岸表面大多比较平滑,消浪效果不理想,波浪上扬明显,而多孔连续型绿化混凝土由于植被覆盖,护岸的表面粗糙度较大,可以有效减少水流作用于护岸材料表面的流速,减少冲刷;此外,多孔连续型绿化混凝土具有较好的透水性,避免较多使用排水孔等排水结构,进而避免流线集中而导致流速过大。多孔连续型绿化混凝土的这些特点,都会延长多孔连续型绿化混凝土护岸的使用周期。

尽管存在有利于耐久性的特点,但其在耐久性方面的局限性也是显而易见的。一方面,因为结构多孔和胶凝材料包裹层薄,多孔连续型绿化混凝土容易受到外界介质的侵蚀,填充土壤、气候环境、植物根系、水环境的性质等均会对混凝土的结构稳定性产生影响,在较大程度上影响了多孔连续型绿化混凝土的耐久性;另一方面,污水中的微生物也会造成混凝土的腐蚀,例如硫酸盐还原菌和硫氧化菌会使混凝土石膏化,从而失去强度,因此,提高多孔连续型绿化混凝土的耐久性是未来对多孔连续型绿化混凝土的研究中需要解决的关键问题。

(3)优缺点

优点:多孔连续型绿化混凝土由于其自身多孔特性,排水性和透水性都很好,能实现自由排水。刚性柔软及具有多孔性等特点,对于地震时的变形适应性强。由于自身的过滤效果和消波效果,对洗掘、流失具有高抵抗性能,抗冲刷性较好。能改善自然环境,具有连续孔隙的多孔连续型绿化混凝土可以使水、空气自由渗透,不仅可以早期创造生物环境,更明显的是由于其孔隙内部以及外部附着、栖息的微生物、小动物类、藻类等可以有效地促进水质的自然净化,满足生物多样性的需求。具有优于普通混凝土护岸的整体性与稳定性。

缺点:造价相对较高,相对土工网和生态袋而言,其植物成活率和可选择范围相对较差。

第三章　岸坡绿色生态治理的结构设计技术研究

在保证航运基本功能的前提下，护岸工程宜通过工程措施和生物措施的有机结合，因地制宜地实施生态护岸工程，追求工程效果与周边环境、生态的和谐统一，设计中需要注意：

①岸坡的安全防护功能：护岸结构首先必须安全、稳定和可靠，能够保护河岸，防止水土流失、水流冲刷、船行波淘刷、船舶撞击破坏等。

②岸坡的生态功能：利用植物及工程材料，构建具有生态功能的岸坡系统，通过生态工程的自组织与自我修复等功能，实现岸坡的抗冲蚀、抵风浪、削减污染，达到维持岸坡植物生存环境、提高岸坡动物和微生物栖息地的质量、营造健康的航段生态系统和改善人居环境等目标。

③达到景观、环境的协调一致：护坡结构与当地自然环境、人文环境等相协调。

④注意资源节约和经济合理：注重自然资源的节约，少占用土地资源，并考虑生态护岸工程的全寿命周期的经济性，做到工程可靠性强、耐久性好、施工方便、维修简单等。

本章根据河道自然条件、特点以及岸坡结构稳定要求，对生态护岸的结构设计技术，即设计原则、设计参数、结构形式和示范工程的结构形式进行研究。

第一节　生态护岸结构的设计原则

一、结构形式设计原则

1. 河道纵向分区的确定

在沿河道纵向分区时，根据边坡坡度和河道内护岸可遭遇的最大水流流速，考虑到护岸结构安全，主要分为三种形式进行设计，分别为全生态护岸结构、生态材料结合弱工程结构和生态材料结合强工程结构。参考已有研究成果，其具体分区原则如下：

①河道内水动力较弱，水流纵向流速不大，原则上不大于1m/s，岸坡坡度很缓，坡度$i>$1:5，可采用全生态植被护岸。

②河道内各水期会出现沿程流速较大的情况，水流流速1m/s$<v<$2m/s，岸坡坡度较缓，坡度1:5$<i<$1:2，可采用生态材料结合弱工程结构护岸。

③河道内各水期会出现沿程流速较大的情况，水流流速$v\geq$2m/s，岸坡坡度较为陡峭，坡度$i\geq$1:2，可采用生态材料结合强工程结构护岸。

2. 河道横断面分区的确定原则

就上述生态植被和工程结构相配合的一般生态护岸而言，主要考虑生态护岸的防护和生态功能，在横断面上将生态护岸分为护底区、重防护区、生态植被区。采用新型生态技术和生态材料，建成后满足航运、防洪、消波、亲水、生态等的要求。护岸结构断面分区理论说明如下。

①护底区。设计最低水位至护岸底高程（或能与岸坡平顺衔接，防止护岸底部受水流淘刷作用），在护岸底部与边坡交界处应有护底保护措施。

②重防护区。位于设计低水位与设计高水位之间的堤岸消涨带，由于水位涨落较为频繁，加之波浪尤其是船行波引起的冲刷，岸坡淘刷严重，需重点考虑护岸结构的整体性、稳定性、耐久性和抗冲刷等功能，同时兼顾结构的透水、透气等生态功能，宜采用整体性好、结构强度高且易于施工维护的生态护岸材料构建的结构形式。

③生态植被区。为设计生态植被种植区水位以上至堤顶的陆域岸坡地带，仅在洪水期偶有淹没，以降雨形成的坡面冲刷为主，重点考虑岸坡防雨水冲刷、生态性等特性。

④各区结构一体化设计。生态护岸结构在设计中，各个区域要尽量采用结构整体化、一体化，并能够适应地形的不均匀沉降和变形，有利于结构安全。

对于水位变幅较小的河道，上述分区水位界线可适当简化处理。

二、生态护岸材料选择原则

①材料应具有较高的强度和较好的抗冲撞能力。在生态护岸设计常水位以下，可选取透水预制混凝土沉箱、经过生态化设计的透水扶壁式挡土墙，设计常水位以上可采用仿木桩、块石结合植被材料来抵抗船行波。

②所选材料要具有很好的透水性能。护坡可选用块石、木桩、透水砖、石笼、三维土工网垫（网箱）、生态袋等工程硬质透水材料和三维土工网垫等柔性材料，或者是具有缓冲消浪、景观效果较好的挺水植物，或是上述材料和植被材料相结合。

③材料便于就地取材，并且造价较低。

④材料孔隙率高，供鱼类及水生动物栖息。

⑤生态材料最好选择本地物种，尽量避免外来物种或引进物种。

⑥护岸中尽量对表土进行有效利用。

透水预制混凝土沉箱、三维土工网垫、石笼、生态袋、多孔绿化混凝土等均可为水生微生物提供栖息环境，生长植被后能为动物提供栖息环境。

三、护坡植被遴选原则

植被护坡一般被定义为："用活的植物，单独用植物或者植物与土木工程和非生命的植物材料相结合，以减轻坡面的不稳定性和侵蚀。"国外发达国家通过长期的理论研究与工程实践，已经形成了较为完整、系统的理论与技术体系，但在我国的河道边坡恢复工作中，技术引进进展较快，植物材料的遴选研究却十分滞后。植物材料的遴选是边坡人工植物群落构建的关键，同时也是制约河道边坡植被恢复工程效果的重要因素。现有技术中，由于植物材料种类、环境条件以及工程措施的差异，往往造成人工建植植被短期效果好，而长时间则会出现退化甚至消亡，致使植被恢复失败。由于不同气候决定了不同的植物类型，而不同地域条件又决定着不同的植物种类，这些都直接导致植物生理生态特性产生差异，与此同时，河道边坡恶劣的生境条件无疑对护坡植物的选择提出了很高的要求。

因此，应当分别从河道功能、生态、景观和经济等方面入手，分析、探讨河道护坡植被遴选的影响因素，归纳、总结出河道护坡植被遴选的通用原则。在应用植被建设生态河道时应遵循以下原则。

1. 河道功能原则

河道的功能是多方面的，在河道规划设计和建设中，首先应考虑河道在行洪排涝、灌溉供水、交通航运等方面的基本功能，不能因为强调生态建设和景观效应而随意改变河道的基本功能。应针对每条河道的主导功能，因地制宜地采取相应的工程措施和植物措施，在满足防洪安全、边坡稳定和航运运输的前提下，尽可能采用植物措施。对于航道驳岸的植被筛选，由于其承担航运的特点，航道在护岸结构与形式、近岸地区的水位和水深、水流速度等的差异性影响着航道区域的植物选择和空间配置。

筛选植被时，应尽可能选择适应性好，抗逆性强、抗污染强的植物。选择生物量大、根系发达、相互穿插、力学性能好、绿期长、耐湿耐荫耐冲刷、覆盖面大的植物，以减少径流冲刷，保持水土。如种植柳树、水杨、白杨以及芦苇、菖蒲等具有喜水特点的植物，由它们生长舒展的发达根系来稳定堤岸，加之柳枝柔韧，顺应水流，增加其抗洪、保护河堤的能力。

2. 河道生态原则

河道驳岸带是一个完整的生态系统。在河道建设和整治过程中应尽可能保持河岸的生态稳定性，不破坏当地的生态环境，使整个河流生态系统健康发展。其他地域的植物，可能难以适应异地环境，不易成活。在某些情况下又过度繁殖，占据其他植物的生存空间，成为入侵物种。所以植物材料的选择尽可能就地取材，尽量选用乡土植物，或是与乡土植物的生理、生态学特征相近的且易大量获得的经济植物。

一个生态系统的生物多样性通常与系统稳定程度的增加相一致，在群落形成期这一性状尤为明显，所以要注意植物种植的密度和多层次的配置，以及植被的多样性和混合配置。筛选水生植物时，应根据河道水深特点，选择合适的沉水植物、浮水植物、挺水植物，并按其生态习性科学地配置，实行混合种植和块状种植相结合；湿生植物的配置种植应考虑群落化，物种间应生态位互补，上下有层次，左右相连接，根系深浅相错落，以多年生草本和灌木为主体。一般来说，采用茎秆直立型草本与疏丛型草本组合、主直根型灌木与水平根型灌木组合、主直根型灌木与须根型草本组合、茎秆疏丛型草本与直立型灌木等组合方式，既能起到固土护坡的作用，又能增强坡面的生态。

因大型水生植物有植株高大、密集丛生、生物量大等特点，且一般具有发达的根系而形成较大的接触面积，它可减小上覆水流速、阻尼或减小风浪扰动，在沉积物—水界面中形成一道屏障。另外，研究表明，大型水生植物对湖泊滨岸带生态修复可去除、淀积面源污染物，为减少河岸侵蚀起到了重要作用。在建设生态河道时，选择对水污染具有较强的净化作用的湿生水生植物具有很好的生态效应，如茭白、芦苇、香蒲、水葱、菖蒲、慈姑、水鳖、金鱼藻等。

3. 河道景观原则

河道是人类生活空间的重要部分，是人类亲水用水的主要平台。在河道建设和整治中，营造一个良好的滨水景观带，给人带来视觉享受，是极其重要的。河道滨水景观建设不同于

城市园林建设,在建设中应注意:

①河道应以自然景观为主体,大片的、种类单纯的草坪和连绵不断的色块在天然河道中并不适宜,应避免使用。

②强调组成河道植物群落种类的多样性和景观的多样性,可以有丰富多彩的景观,沿河而行能实现"步移景异"的效果。多种类植物的搭配,既要满足生态要求,又要满足审美上的需要。如睡莲与香蒲的搭配种植,既有形态的高低对比,又能协调生长。沿岸边缘带一般选用姿态优美的耐水湿生植物,如柳树、水杉、水松、木芙蓉、迎春等进行种植设计,以低矮的灌木和高大的乔木相搭配。

③在河道植物群落的构建中,必须考虑植被的季相变化,达到"日新月异"的效果。

④要留出人类亲近河道的活动和休闲空间,在道路和绿化设计中必须考虑人们能够非常方便地走近河道。在有人行走的地段,要注意尽可能不种植有刺的或对人类有害、有毒的植物。

4. 经济效益原则

经济效益是衡量河道整治成效的一个重要指标。经济、社会效益是由植物材料的成本价、建植后的管理难易程度和景观持久性(植被寿命)等因素所决定的。在植物措施的应用中,经济效益主要可通过以下途径来实现:

①在规划、设计和施工中坚持实际、实效、实惠的原则。

②植物材料的选择尽可能就地取材,利用那些适应性强、自繁能力强的乡土植物,尤其是木本植物,不用或尽可能少用大规格、高单价的苗木,可大幅度降低河道的建设成本和管理养护成本。

③尽可能多选择能产生较高经济效益的植物。

④对一些应用前景好且目前市场上紧缺的苗木,可采用租地自行育苗、就地育苗等方式来解决,甚至可以在河道分段实施过程中,在已经施工段多种小苗,待其长大长多以后,移栽部分到其他地段。

第二节 生态护岸结构设计参数的确定

在进行内河航道生态岸坡设计时,与护岸横断面有关的参数可分为护岸工程结构设计参数和生态植被设计参数。即生态护岸结构中涉及的特征参数的设计高水位、设计低水位生态植被种植水位以及生态岸坡坡度。下面将各个设计参数确定方法加以介绍。

1. 船行波波浪爬高

对于船行波,原苏联学者提出的理论公式为室内试验结合现场试验,较为合理,即当船速 $v=10\sim20\text{km/h}$ 时,近航道岸坡处最大波高为:

$$H_{\mathrm{m}}=\frac{v}{2\mathrm{g}}\left(0.65+\frac{3.2bT}{B_0d}\right)\left[1+\sqrt{0.73\frac{L}{B}}-0.027\left(1+\sqrt{0.73\frac{L}{B}}\sqrt[4]{1.37B-L}\right)\right] \tag{3-1}$$

式中:L——船长(m);

b——船舶中剖面的船宽度(m);

T——船舶满载吃水(m);

B——水面宽度(m);

B_0——当船舶航行时，B_0 为在船舶吃水处的河宽；否则，B_0 为自船轴至欲确定波高一岸的水边线距离的两倍；

d——航道水深。

由于苏联规范中船行波在边坡为 $m(m=\cot\alpha)$ 上爬高计算公式并未考虑使用生态建设材料及生态植被的消波效应，本研究考虑生态植被建设后对原苏联公式修正完善后得到，经植被消波作用后的爬高公式为：

$$h_p=\beta\frac{0.5H(1-\xi)+0.1m}{1-0.05m} \tag{3-2}$$

式中：H——式(3-1)中的波高。

β——斜坡糙渗系数，对于混凝土或钢筋混凝土，苏联规范中取1.4；对于砌石，取1.0；对于抛石，取0.8；但根据多个现场试验研究表明，按照我国港口航道护岸规范参数进行取值更为合理：即混凝土或钢筋混凝土，取0.9；对于砌石，取0.75~0.8；对于抛石，取0.5~0.65；对于合金钢丝笼以及生态袋，建议参考抛石取值。

m——边坡坡度。

考虑到护岸上生态植被种植条件下，挺水植物的种植会对船行波有一定的消波作用，其主要与波高 H、水深 h、波长 L、草高 H_c、草宽 b 和草密度 ρ 有关。

$$F(\xi)=F(h,L,H_c,b,\rho) \tag{3-3}$$

定义生态护岸植被种植后的波浪消减系数为 ξ：

$$\xi=\frac{H-H_h}{H} \tag{3-4}$$

式中：H_h——经护岸结构和植物消减后的波高。

根据河海大学冯卫兵等人相关研究试验数据，得到：

$$\xi=0.35\left(\frac{b}{L}\right)^{0.59}\left(\frac{H_c}{1.33h}\right)\times0.46\rho^{-0.29} \tag{3-5}$$

按照式(3-1)计算出船行波的波高，根据生态护岸植被种植及生长情况，并将相关参数代入式(3-5)，计算得到波浪消减系数，而后代入式(3-4)，可求出护岸处的波高，进而通过式(3-2)计算出波浪爬高。

内河航道生态护岸结构设计高水位按照下式确定：

$$H_h=H_{wg}+H_p+\alpha \tag{3-6}$$

式中：H_h——护岸结构设计高水位；

H_{wg}——航道最高通航水位；

α——航道爬高富裕值，一般取0.2~1.0m。

最高通航水位按照相应航道等级，根据内河航道与港口水文规范中规定的计算方法加以确定。

2. 护岸结构设计低水位的确定

内河航道生态护岸结构设计高水位按照如下公式确定：

$$H_l=H_{wl}-1.5H_m \tag{3-7}$$

式中：H_1——护岸结构设计低水位；

H_{wl}——航道最低通航水位。

护岸结构设计低水位按照航道最低通航水位基础上下降 1.5 倍船行波的波高值，船行波的波高按照式(3-1)进行确定。最低通航水位按照设计河段所处航道对应航道等级，根据内河航道与港口水文规范以及内河通航标准中规定的计算方法加以确定。

3. 生态植被种植水位的确定

内河航道护岸在进行生态植被种植时，需确定生态植被种植水位，考虑到植被种植不能长时间受水淹没，取航道中一年一遇洪水位为基础水位；考虑到作为消浪植物，在洪水位时能够有一半淹没能够确保植物成活，将挺水植物 1/2 高度淹没在一年一遇洪水位以下，因此种植水位为洪水位以下挺水植物一半高度的位置。

内河航道生态护岸结构设计高水位按照如下公式确定：

$$H_s = H_1 - \varepsilon \tag{3-8}$$

式中：H_s——生态植被种植水位；

H_1——航道一年一遇洪水位（至少收集 10 年洪水资料或进行专门水文推算）；

ε——植被种植水位参数，1/2 挺水植物高程。

4. 生态植被种植水位的确定

生态岸坡坡度按照自然岸坡的坡度进行适当削坡或回填后进行边坡建设，但当坡度陡于 1:2 时，建议在护岸设计低水位和高水位之间进行直立岸坡建设。

第三节　生态护岸结构形式设计

一、生态护岸断面设计的垂直防护分区理论

生态河道建设中，考虑生态护岸的防护和生态功能，将生态护岸横断面沿垂向分为护底区、重防护区和亲水景观区（图 3-1）。护岸结构断面垂直分区分段说明如下。

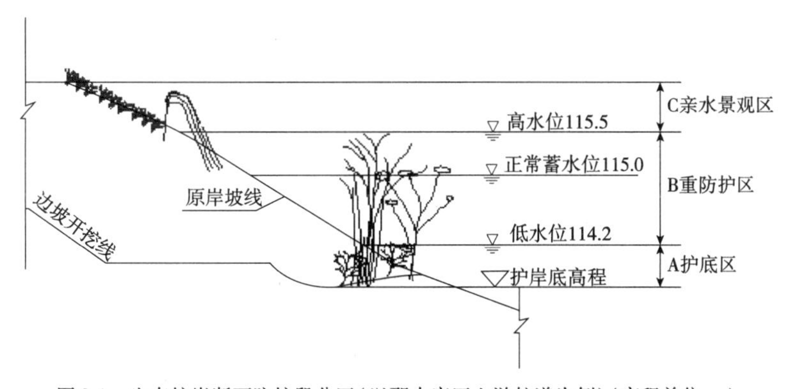

图 3-1　生态护岸断面防护段分区（以那吉库区上游航道为例）（高程单位：m）

(1) 护底区 A

低水位以下至护岸底高程，长期受水流淘刷作用，因此在护岸底部与边坡交角处应采用

护底保护措施，宜选用抛石、柴排、木桩等生态性较好的材料；可种植沉水植物、挺水植物和浮叶植物。水生高等植物不仅是水生生态系统的重要初级生产者，而且是水环境的重要调节者，可为鱼类提供觅食产卵育肥栖息场所、为浮游动物提供避难所，有利于提高河流生态系统的生物多样性和稳定性。

（2）重防护区 B

重防护区 B 位于低水位与高水位之间的堤岸消涨带，水位变动频繁，加之风成浪尤其是船行波引起的波浪冲刷，岸坡淘刷严重，需重点考虑护岸结构的整体性、稳定性、耐久性和抗冲刷等功能，同时兼顾结构的透水、透气等生态功能，宜采用整体性好、结构强度高且易于施工维护的生态护岸材料构建的结构形式，如石笼、生态袋等；此区域的植物要起到一定的加固和阻碍作用，但较大植物除能弯曲的以外，可能遭受到不可承受的洪水的曳引力。小而密集的植被，通过保护、约束作用可防止冲刷；而根系较深的植物，通过加固、支柱作用可大大增加土体的稳定。在复合结构中可利用根部的锚固作用。

（3）亲水景观区 C

亲水景观区 C 为高水位以上至路肩的陆域岸坡地带，仅在洪水期偶有淹没，以降雨形成的坡面冲刷为主，重点考虑生态护坡与景观环境的协调性，兼顾结构的抗冲刷、植被耐淹等特性，宜采用植被与生态工程材料结合的护坡形式，如三维植被网草皮护坡、土工织物草皮护坡、合金钢丝网垫草皮护坡等柔性加筋草皮护坡，具有成本低廉、施工便利及防护效果理想的优势。

二、传统生态护岸结构形式

传统护岸常采用浆砌块石墙护岸结构等，随着时间的推移，此类护岸结构的缺点越来越明显，优质石料资源消耗大，石墙护面灌浆阻隔了河流和河岸的水体交换，对生态环境破坏较明显，同时由于浆砌块石墙护岸灌浆不实、面石过小过薄，常出现“船过墙面漏”、“船撞墙身散”、“浪冲墙后空”的问题，导致护岸结构失稳。所以在人们对护岸的生态性的强烈需求下滋生了较多的护岸结构形式，总的来说，生态护岸结构形式可以概括为全植被、植被结合弱结构和植被结合强结构生态护岸三种形式。

（1）全植被护岸

摒弃一切人工材料，完全采用原生态材料，利用植物的根系力学效应，或者材料本身自身的重力摩擦力以及材料相互之间的咬合力来达到稳定岸坡的作用，这样完全的自然生态性材料护岸具有较强的生态性以及美观性，完全取于自然，用于自然，对河流生态没有副作用。

（2）植被结合弱结构护岸

植被结合弱结构护岸是采用部分人工材料和自然生态材料相结合的护岸，当一些河流水流较大，只采用自然型护岸满足不了要求时，通常就需要借助人工材料，比如水泥砂浆、钢筋网等，这样的护岸利用人工材料来更好地保护自然材料来实现护岸的生态性和自然性。

（3）植被结合强结构

当水动力作用非常大，一般的自然材料已经无法抵御水流或波浪对岸坡冲刷时，对人工传统护岸结构进行生态改造，是在保证护岸结构安全的同时，也实现了它们的生态性。

生态护岸设计是与自然生态相作用和相协调,将生态设计引入航道护岸设计中,能保证航道建设在满足航运功能的基础上,最大限度地保护沿岸生态环境、保持生态平衡,营造自然、和谐的水岸环境,促进内河水运的可持续发展。生态护岸利用人工措施和自然措施相结合的方式,利用人工结构稳定性好以及植物的根系作用,更好地发挥护岸的安全性和生态性。植物根系的生长能够增加土壤有机质的含量,改善土壤结构。根系又分为浅根和深根,浅根加筋,深根锚固,增加了土壤抗侵蚀的机械强度。植物的茎叶可以吸收、阻拦和分散水流,消浪,减弱岸坡冲刷。

三、新型生态护岸结构形式

生态护岸近年来发展较快,很多新型结构的诞生为护岸的生态性和安全性提供了一定的保障,常用的结构形式如下。

1. 全植被(自然材料)生态护岸

全植被生态护岸是采用自然生态材料构成的护岸结构,主要形式包括以下几种。

(1)植物护岸

植物护岸是利用植物根系的力学效应来防止水土流失,如活体枝条捆绑木桩等护岸形式来增加护岸的抗冲刷能力,以满足生态环境需求。

(2)干砌石护岸

干砌石护岸主要由单个石块砌筑而成,依靠自身的重力和石块接触面之间的摩擦力来维持稳定。可直接在山上开采石块,通过堆砌平整缝隙用石片塞实捣紧,使之结合成为一个整体。

(3)原木格子护岸

原木格子护岸一般使用粗原木、砌石及插柳条相结合的方法,采用柳条将粗原木捆扎装配成格子结构,格子里面填充块石增强岸坡抗冲刷能力。

2. 植被结合弱结构护岸

植被结合弱结构护岸是采用部分人工材料和自然生态材料相结合的护岸,主要形式包括以下几种。

(1)石笼护岸

石笼护岸是用钢丝格网网箱内填卵石来代替浆砌石和混凝土成为河流护岸的挡墙结构。该结构既可防止河岸遭水流、风浪侵袭,又保持了地下水与地表水间的自然对流交换功能。石笼结构强度较高,并且填充石料间空隙使得其对地基变形适应能力较强,不会因地基局部不均匀沉降而导致结构损坏。

(2)半浆砌石护岸

半浆砌石护岸是采用直径较长的卵石,用混凝土加固卵石下半部分,上半部分是悬空的护岸结构形式。该结构既能抵抗急流冲击,上半部分又不会阻隔水体交换。

(3)生态袋护岸

生态袋加筋护岸利用土工格栅反包袋体后将土工格栅埋设于墙后回填土中,压实形成整体,袋体与袋体之间用连接扣连接,生态袋内装植物易生长的土壤形成岸壁,在面壁上喷洒草籽。该结构具有较好的固土性质,而且等植物成活以后,岸坡上会形成一片一片的草本植物，抵御水流冲刷，保护水土不被流失，具有非常强的美观性。

3. 植被结合强结构

植被结合强结构是对原有的人工型材料及结构进行生态改造形成的一种新型护岸，主要形式包括以下几种。

（1）透水挡墙结构护岸

此护岸形式是通过对传统的钢板桩挡墙护岸、预制混凝土沉箱、混凝土劈离块体等结构适当打孔来建设成透水型的护岸结构。这种刚性结构稳定程度高，且有较好的生态效果。

（2）生态有机材料护岸

此护岸形式一般采用生态混凝土（由多孔混凝土、保水材料、缓释肥料和表层土等有机材料组成）、高性能土壤固化剂等护岸材料，来提高结构的透水性和土壤的抗压抗渗性能。

（3）框格砌块护岸

为了保护较大江河，丰富自然环境的同时，提高沿岸防洪能力，框格砌块护岸提供了可能。框格砌块护岸采用透水性强的框格砌块，在其上覆土，种植灌木和草本等植物。覆土后，使护岸呈现自然的曲线形，为防止水边泥沙在植物未扎根前流失，用抛石、铺辊式植被和打木桩的方法进行加固。

第四章　植被护岸空间配置模式

第一节　植被空间配置概念及必要性

一、植被空间配置模式的概念

生态系统作为一个功能单位，其系统结构的含义应该包括三个方面，即物种结构、营养结构和空间结构。对物种结构来说，不同类型的生态系统之间差异很大，如森林生态系统中的生产者是一些高达几米，甚至几十米的乔木和各种灌木，而草原生态系统的生产者却是一些纤细的草株，而且，即使是一个比较简单的生态系统，要全面调查它的物种结构也是极其困难的，甚至是不可能的。因而，河道驳岸生态系统主要以群落中的优势种类、生态功能上的主要种类或类群作用为研究对象。河道驳岸生态系统的空间结构主要指生态群落的空间格局状况，包括群落的垂直结构（成层现象）和水平面结构（种群的水平配置格局），以及这些空间格局随时间变化的情况。

植被是河道护坡工程的主体，植物群落的结构是生态恢复的关键因素之一。它包括高大的乔木，丛生的灌木，多色的花卉，攀绕的藤木，覆地的草皮、地衣，蔓生的水和植物；植被护坡空间配置模式的主要内容有：植物种植密度设计，植被的平面布局设计，植被的垂直结构设计等。

二、植被空间配置的必要性

河岸作为水陆交接带，具有水域和陆地双重属性，河道植被生态护岸应包括两方面的功能：护坡功能——满足河道行洪、排涝、航运以及水土保持的功能；生态功能——在自身内部以及与相邻生态系统间完成物质循环、能量流动以及信息传递等。在应用植被建设河道生态护坡工程时，进行植被空间配置的必要性主要体现在以下方面。

（1）不同植被物种之间存在形态、生理以及功能差异

不同植被适宜的生存环境，如耐淹程度、土壤酸碱度、自然（光照、水分、温度）条件决定了其地理环境位置的分布。水生植物根据其生活方式，可以分为挺水植物、浮叶植物、漂浮植物和沉水植物。由于河道水体的流动性，一般不配置漂浮植物，但对于相对封闭的河道、池塘和湖泊，水面上可以布置漂浮植物，起到增加景观和净化水质的作用。

不同水生植物对水深的要求也不同：沉水植物要求水高必须超过植株，使茎叶自然伸展。水边植物要求保持土壤湿润、稍呈积水状态。挺水植物因茎叶会挺出水面，须保持50～100cm的水深。浮水植物的水位高低须依茎梗长短调整，使叶浮于水面呈自然状态

为佳。在植被护坡工程中,需根据水从深到浅,依次种植挺水植物、浮叶植物和沉水植物,并按其生态习性科学地配置,实行混合种植和块状种植相结合,才能保证成活率、保存率,从而达到预期的生态效果。

不同的植被生长所需的光照、养分不同。灌草植物的空间配置要结合不同生长类型的植物,充分利用地上和地下的空间分布,实现对水分、养分、光照条件等的合理利用。如主直根型的灌木与须根型草本搭配,疏丛型草本与直立型灌木搭配,主直根型灌木与散生根型灌木搭配,茎秆直立型草本与疏丛型草本混播。同时,要依树种、草种的不同,确定合理的种植密度。喜光、速生、干直的乔木树种宜稀植,如杉、柏等;喜阴湿、生长缓慢、干形不直的树种宜密植,如械树、栋等。一般种植树木,株距为 1 ~ 2m,行距为 2 ~ 4m。

据调查,河道两岸和边坡的植物群落多数是自然生长的野生植物群落(图4-1、图4-2),它们物种丰富,层次结构合理,生长旺盛,抗逆能力强,在今后应用植物措施建设生态河道中,可作为植被空间配置的参考模式。

图4-1 河道边坡自然植物群落结构示意图

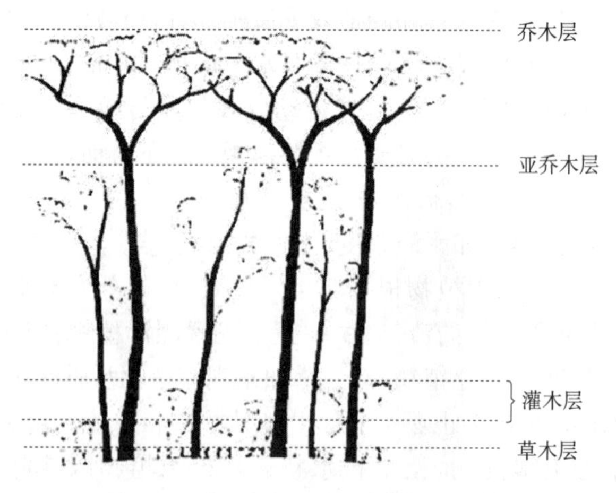

图4-2 河道两岸自然植物群落结构示意图

(2)河道自身特点对护岸区域植被配置的要求

河道护坡不同于公路、铁路等岩石护坡,由于其护岸位于水陆交界处,河岸常年受到水流冲刷和波浪作用,这对河道植被护坡的空间配置提出了更高的要求。河道在护岸结构与形式、近岸地区的水位和水深、水流速度等方面都存在着一定的差异,这些差异性影响着河道护岸植被的空间配置。

河道护岸区域的水深对护岸水生植物群落的构成有一定的影响,从岸顶到坡底,土壤含水率呈现出逐渐递增的规律性变化。水的深度决定了沉水植物和浮水植物种类的选择,影响着水域植物群落结构的稳定性。另外,由于某些河道或河段水位变化频繁,不同护岸区域的植被应具有不同的耐淹性能。以航道护岸为例,一般以航道高水位、常水位、低水位为临界点,对航道护岸区域进行划分,不同空间区域的植被在构成种类、种植技术及养护管理等方面均有不同的特点。

河流是传送营养物质的一种重要媒介,然而河流流速也限制了植物体继续生存在河流段落中的能力。很多植物对于水流速度是非常敏感的,对于水流的时间变化,可能会增加死亡率、改变可用的资源以及打破植物物种之间的相互作用。具体表现在:河流中水的流速决定了水中浮游植物是否能够生长并且维持它们自身的发展。河流中水流速率越慢,生长在岸边和底部的植物群落的结构和外形就会越接近静水中的模式。同时,流动的水体可以长距离地输移和沉积植物种子;在高水位时期,一些成熟的植物可能会连根拔起、重新移位,并且会在新的地区重新沉积下来存活生长。这些都影响着河岸植被的空间配置。

对于某些特殊河道,如承载着通航任务的航道,还需考虑船行波的影响。船行波是船舶在河流中航行,由于船体附近的水体受到行驶中的船体的排挤,过水断面发生变化,引起流速的变化而形成的波浪。当船行波传播到岸边时,波浪沿岸坡爬升破碎,岸坡受到很大的动水压力的作用,使岸坡遭到冲击,在船行波的经常作用下,易导致岸坡崩裂坍塌。在平原水网地区,河道水力坡降一般较小,流速和风浪比较平缓,对河流岸坡的冲刷比较小,船行波是破坏岸坡的主要因素。在对植被进行空间配置时,注意在通航河道岸边常水位附近和常水位以下选用耐水湿的树种和水生草本植物,如池杉、水松、香蒲、菖蒲等,利用植物的消浪作用,削减船行波对岸坡的直接冲击,保护岸坡稳定。

(3)合理的植被护坡空间配置有利于充分发挥植物的固土护坡、保持水土功能

灌草植物的合理搭配,既能起到控制水土流失的作用,又能起到加固土体、增强边坡稳定性的作用。植物护坡主要表现在植物地下根系和地上茎叶的共同作用,其作用机理包括力学效应和水文效应。由于植被自身的特点,草本植物与木本植物的根系护坡功能有很大的差别,禾本科、豆科植物和小灌木在地下0.75~1.5m深处有明显的土壤加强作用,而树木根系的锚固作用可影响到地下更深的岩石层。草本植物及灌木根系集中分布在土壤表面,盘根错节,主要是起到加筋作用,控制表层土体的移动和水土流失。同时,灌草植物茎叶对雨滴的分层拦截和缓冲作用,可降低或避免雨水对地面的直接溅蚀。通过合理的植被空间配置,能够实现浅层根系和深层根系在土体空间分布的相互补充,使木本和草本根系交错分布,通过浅层加筋作用和深层锚固作用的相互补充,在土体中形成稳定的根—土复合体结构,从而提高坡体稳定性。

(4)合理的植被护坡空间配置有利于维持生态、美化景观、节约资金

在自然界中,有一些植物通过自身产生的次生代谢物质影响周围其他植物的生长和发育,表现为互利或者互相抑制。同时,不同生活型的植物及其组合,为河流生态系统创造多样的异质空间。在河道生态建设中,植物种类选择和群落构建应尽量选择较多植物种类,避免物种单一;且选用的植物应在空间和营养生态上具有一定的差异性,避免种间激烈竞争,保证群落的稳定。

在河道两岸构建植物群落,形成类型多样的植被类型,增加了人与自然和谐相处的自然河流景观,合理的植被护坡空间配置有利于形成丰富多彩的群落景观,满足人们不同的审美要求。如常绿树种和落叶树种混交可以形成明显的季相变化,避免冬季河道植物色彩单调,提高河道植被的景观质量。

另外,合理的植被护坡空间配置可以减少工程投资和后期的管理养护费用。乔灌草的混种在很大程度上提高了植物产量并增强了诸如食草害虫的抵抗力,从而提升了植被的存活率,减少了植物对养护的要求,以达到种植初期少养护或生长期免养护的目的。

第二节　植被空间配置理论依据及应用

目前,应用植被建设生态河道护岸在国内得到了大范围的推广,在工程实践中,通常是根据群落演替理论、生物多样性与限制因子理论,针对不同类型、不同功能河道选用适宜的植物种类进行群落空间配置。

一、群落演替理论

植物群落是在一定生境条件下由某些植物构成的一个总体,在一个植物群落内,植物与植物之间,植物与环境之间都具有一定的相互关系,并形成一个特有的内部环境或植物环境。在不同条件下形成不同的植物群落,植物群落的选择必须遵循植物演替理论和生物多样性原理,并产生边缘效应。群落演替是指群落经过一定历史发展时期,由一种类型转变为另一种类型的顺序过程,也就是在一定区域内群落的发展和替代过程。在这个过程中,一些植物替代另一些植物,一类种群替换另一类种群,群落的结构发生相应的变化。

演替是指植物群落更替的有序变化发展过程。现代生态学家把演替广义地看作是植被受干扰后的恢复过程,认为演替是多方向和偶然性的过程。在生态系统中,植物群落的演替都有着共同的趋向,而且是不可逆的,一般是从次生裸地→喜阳、耐贫瘠的草本植物为主组成的群落→灌木和小乔木为主的群落→以喜阳乔木为优势种的群落→以耐阴乔木为优势种,多种物种并存的相对稳定群落(图4-3)。因而恢复和重建植被必须遵循生态演替规律,促进进展演替,重建其结构,恢复其功能,即充分合理地利用物种的群聚特征和种内竞争、种间竞争,在不同的植被演替阶段适时地引入种内、种间竞争关系,促进植被的进展演替。

二、生态多样性与连续性理论

生物多样性是指生命有机体及其赖以生存的生态综合体的多样化和变异性,包括遗传多样性、物种多样性、生态系统多样性和景观多样性理论。这四个层次的有机结合,其综合

表现是结构多样性和功能多样性，其中生物多样性对于维持生态平衡、稳定环境具有关键性作用。许多学者认为，生物多样性表现在生物之间，生物与其生存环境之间的复杂的相互关系，是生物资源丰富多彩的标志，它的组成和变化既是自然界生态平衡基本规律的体现，也是衡量当前生态发展是否符合客观的主要尺码。生态系统中，某一种资源生物的生存及功能表达，均离不开系统中生物多样性的辅助和支撑，丰富的生物多样性是生态系统稳定的基础。在水土流失区，生态系统遭到严重破坏，植被稀疏，物种单调，生物种群稀少，群落组合单一。

图 4-3　植物群落演替示意图

河道生态系统与陆地生态系统相互依存，在联系陆地生态系统与海洋生态系统中起着桥梁和纽带的作用，沟通陆地生态系统与海洋生态系统之间的物质流、能量流与信息流。河道驳岸上繁茂的绿树草丛不仅是陆上昆虫、鸟类的觅食、繁衍的乐土，而且进入水中的植物根系还为鱼类产卵，幼鱼避难、觅食提供了场所，形成了一个水陆复合型生物共生的生态系统团。在河里生存的动物，有一些经常在河的上下游、干流与支流、河流与湖泊，或者在河流的周边来回迁移。此外，还有一些水陆两栖以及以植被生长的地方为移动路线的生物。为了不妨碍这些生物的迁移，在制订河道规划时，要确保上下游以及横向的环境的连续性，同时也要确保与周边环境的连续性。

三、限制因子理论

限制因子是指在众多的环境因素中，任何接近或超过某种生物的耐受性极限而阻止其生长、繁殖或扩散的因素。任何生物体总是同时受许多因子的影响，每一因子都不是孤立地对生物体起作用，而是许多因子共同起作用。因此，任何生物总是生活在多种生态因子交织成的复杂的网络之中。但是在任何具体的生态关系中，在一定情况下某个因子可能起的作用最大。这时，生物体的生存和发展主要受这一因子的限制，这就是限制因子。例如，在干旱地区，水是限制因子；在寒冷地区，热是限制因子；在光能到达的海洋，矿物养分是限制因子等。任何一个生态因子在数量上和质量上存在一个范围,在该范围内,所有与该因子有关的生理活动才能正常发生。寻找生态系统恢复的关键因子及因子之间存在的相互关系,据此进行生态恢复工程的设计和确定采用的技术手段、时间进度。

从某种意义上来说,河道植被生态护坡建设要利用限制因子理论,使其能为植被选择和空间配置等提供理论依据。如水流条件、底土、光照和养分的可获性均影响岸边植被存活能力,但其选种和空间配置限制因子是与植物有关的水位状况。另外,植物抵抗船行波和抗冲刷的能力在一些工程条件下也会成为限制因子。

四、植被空间配置在生态护坡工程的具体应用

1. 京杭大运河扬州主城区段[30]

设计区域为京杭大运河江阳大桥至扬州大桥段,全长 2.5km;宽度从一级驳岸线到征地线,生态植被设计需要时可局部扩宽。在扬州主城区段航道驳岸工程的景观设计处理中,主要通过诸如驳岸结构及设施的景观化处理、水生植被和湿生植被以及陆地沿岸植被的配置、河口及重点地段景观节点的强化等手段,来充分发挥生态驳岸的水体净化,改善河道生态环境的功能,并通过景观化设计与处理,展现运河特有的历史文化品质,展示城市特色空间,表现历史文化名城的水域风貌。

根据航道两岸的立地条件,设计了 6 种植物的空间配置方案,现就其中的 2 种方案进行详细介绍,植被生态护岸的空间配置设计方案的总体布置见图 4-4。

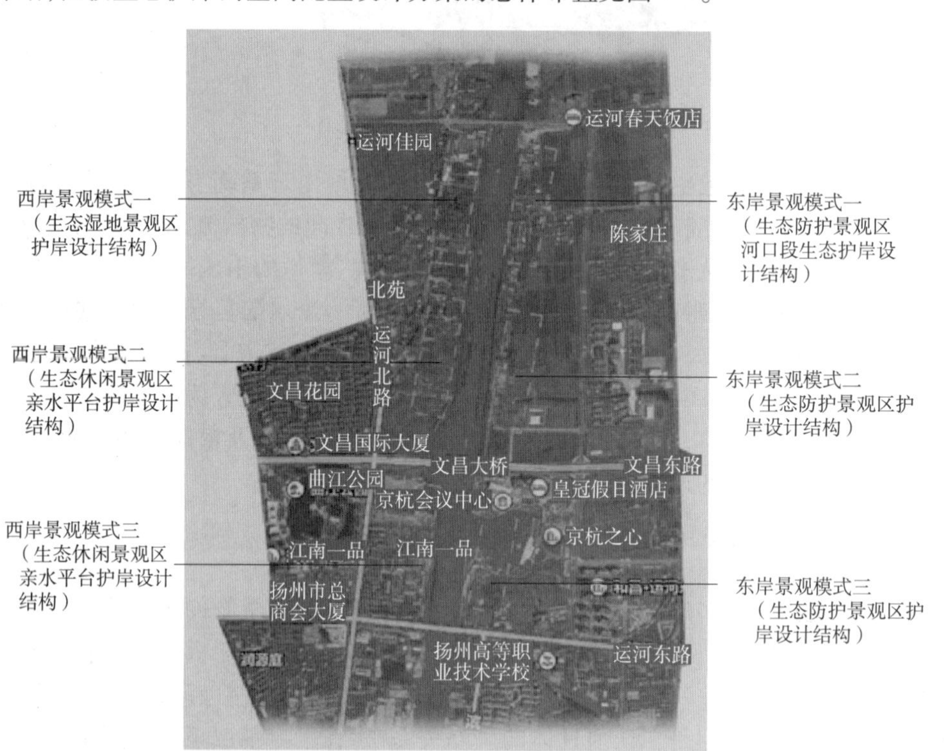

图 4-4 扬州市主城区生态驳岸总体布置图

(1)方案一:本设计模式分为两段,景观带宽度为10m,上下高差为6m,第一级为起伏坡地,第二级为缓冲种植带,整个区域用两级挡土墙,在第二级区域设置石垫,主要采用挡土墙处理上下高差关系。选择的植物种类主要有紫薇、紫叶李、紫叶小檗、紫玉兰、海棠、香樟、红花继木。适用于近郊区自然航道护岸的情况,周边以农业用地或林地为主(图4-5)。

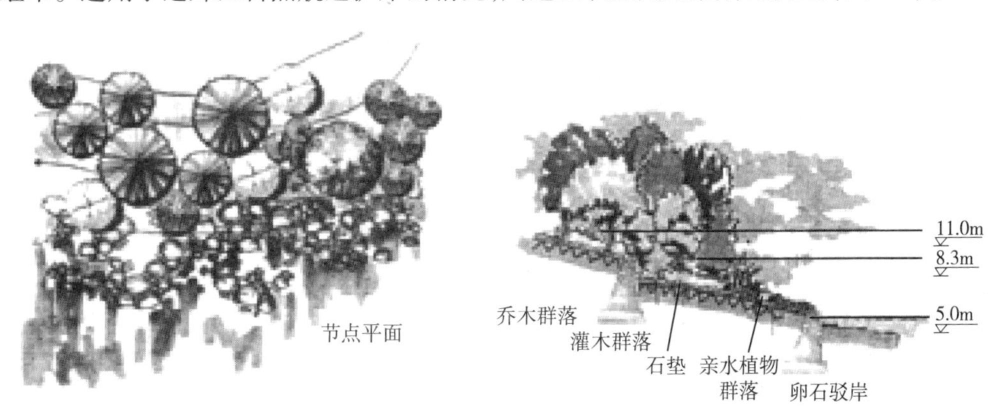

图4-5　东岸景观模式三(方案一)

(2)方案二:本设计模式分为两段,景观带宽度为10m,上下高差为4.5m,第一级为缓坡地,第二级为坡地种植带,另有亲水木平台伸入水面,整个区域用一挡土墙和一段混凝土护坡来处理上下高差关系。选择的植物种类主要有小叶黄杨、水杉、合欢、朴树、白玉兰、石楠、木芙蓉、榆叶梅、金叶女贞、红花继木、毛鹃和黄金间碧玉竹。适用于城区航道且水位变化较小的情况,同时周边居住用地及商业行政办公用地较多(图4-6)。

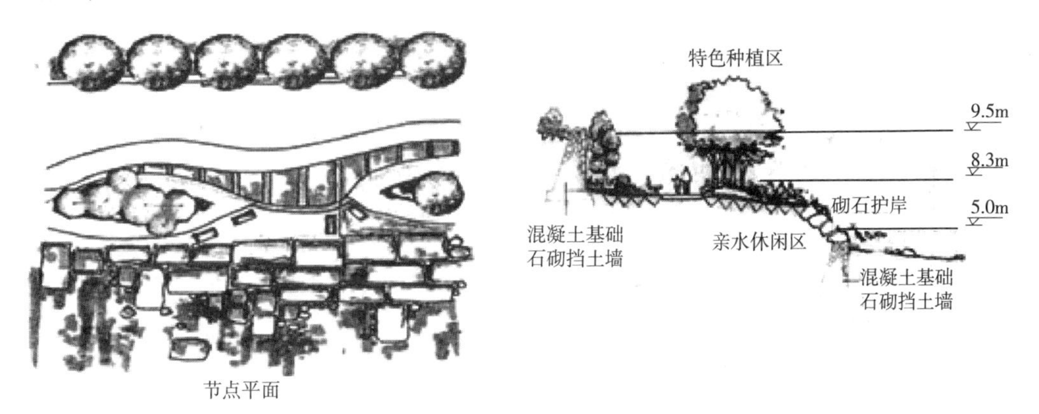

图4-6　西岸景观模式三(方案二)

2. 浙江省义乌市大陈江大陈镇河段

设计河段位于义乌市大陈镇团结村,全长1.4km,堤顶高程60.86m,河底高程56.48m左右,边坡1:1.75～1:2,坡面长度5～10m,平均约7m,常水位57.33m,10年一遇设计洪水位59.69m。选择河道植物种类:堤顶选用乐东拟单性木兰、乌桕、浙江柿、垂柳、紫薇、红叶李、紫荆、夹竹桃;设计洪水位以上至堤顶,选用枫香、枫杨、冬青、红枫、杨梅、木芙蓉、小蜡、红花檵木、孝顺竹、夹竹桃、狗牙根、高羊茅;长水位以上、设计洪水位以下,选用的植物有苦楝、枫杨、红楠、冬青、木芙蓉、木槿、水团花、小蜡、孝顺竹、狗牙根、高羊茅。

根据大陈江的立地条件，对配置的模式进行交错布置，形成良好的景观效果，总平面布置见图 4-7。

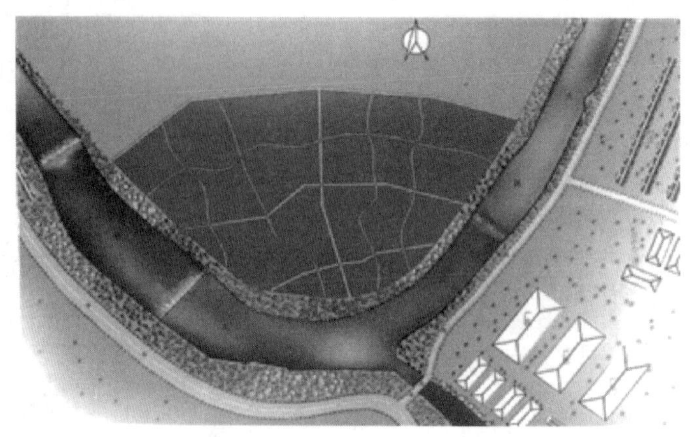

图 4-7　大陈江植物总平面布置图

(1)方案一

堤顶种植常绿观赏乔木乐东拟单性木兰和观赏灌木紫薇；设计洪水至堤顶，种植经济树种杨梅和红花檵木，杨梅和红花檵木成行种植，杨梅株间距 3m，红花檵木株间距 1m；常水位至设计洪水位，种植苦楝、杨梅、小蜡，靠近设计洪水位线处，苦楝和杨梅株间混交种植，株间距 2m，下部种植苦楝，小蜡混栽其间；整个坡面播撒狗牙根草籽(图 4-8)。

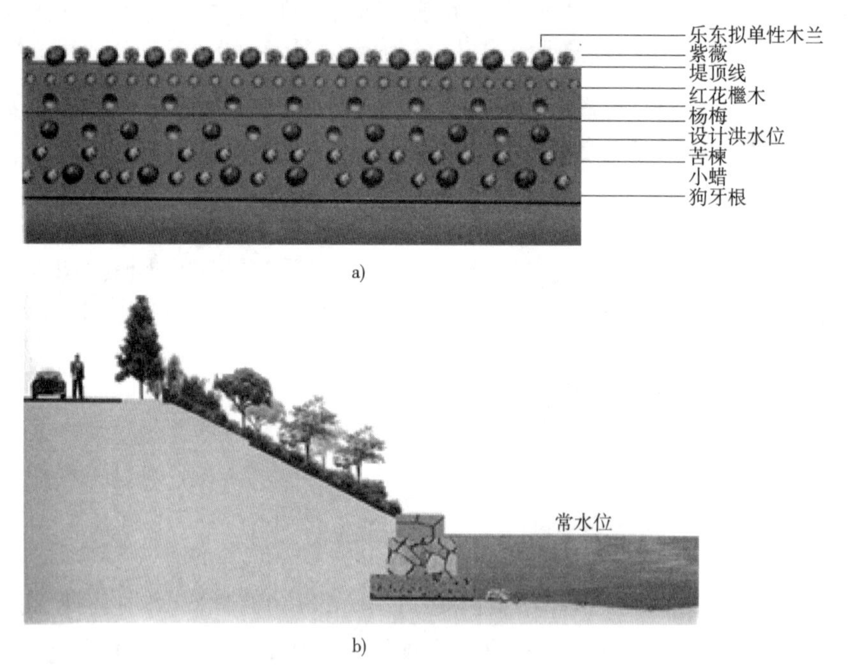

图 4-8　植物空间配置示意图(方案一)

a)植物水平面布置示意图；b)植物垂直面布置示意图

(2)方案二

堤顶混交种植乌桕和红叶李，株间距约 1.5m；常水位至堤顶，枫杨、枫香、木芙蓉混交种植,乔木株间距 2～3m,木芙蓉不规则种植于乔木之间,下部稍密;整个坡面撒播狗牙根草籽(图 4-9)。

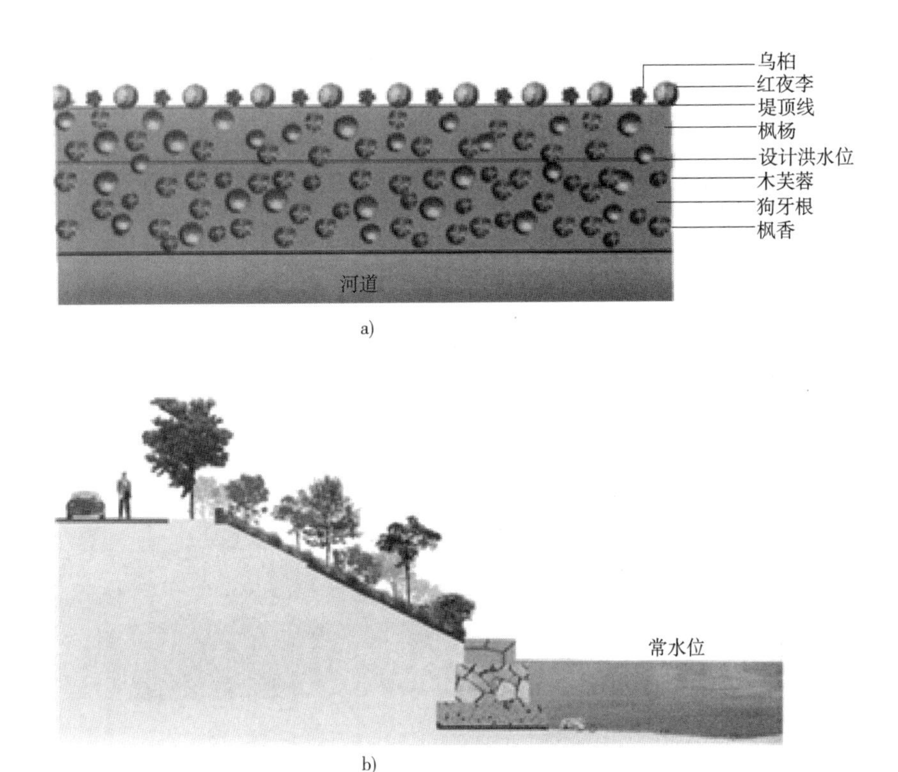

图 4-9　植物空间配置示意图(方案二)
a)植物水平面布置示意图;b)植物垂直面布置示意图

(3)方案三

堤顶种植浙江柿和紫荆;设计洪水位以上至堤顶,种植冬青、红枫;设计洪水位以下至常水位,种植红楠、冬青、木槿、水团花,红楠、冬青成行种植于近设计洪水位坡面,株间混交,株间距为 2m,中部不规则种植木槿,下部不规则种植水团花;整个坡面撒播高羊茅草籽(图 4-10)。

大陈江在整治前,河道淤积严重,行洪能力不足;河岸垃圾堆积,河道存在脏、乱、差的现象;河岸有枫杨及部分草本植物,物种单一,河道景观与周边村镇环境极不协调。整治后,乔灌木生长茂盛,植被覆盖度提高,河道景观改善,植被护坡能力显著增强。

3. 上海崇明生态岛的杜鹃河陈家镇河段

杜鹃河位于崇明岛东部陈家镇,是崇明生态岛的一条重要镇级河道,总长约 500m,平均河宽约 8m,河道坡岸裸露陡直,植被覆盖率很低。河道两岸为农田和一小段民居,降雨所形成的地表径流未经任何缓冲直接排入河道,水土流失较严重,坡岸和水面景观较差。选取了 300m 长的河段作为植物生态护岸工程示范。

种植植物包括:杞柳(柴笼 14m,石笼 20m,土工布 20m;灌丛垫 105m^2);垂柳(扦头 140m^2);挺水植物(野茭白 549m^2,菖蒲 602m^2);沉水植物(菹草,未统计);结缕草 983m^2 及其他灌木和乔木。

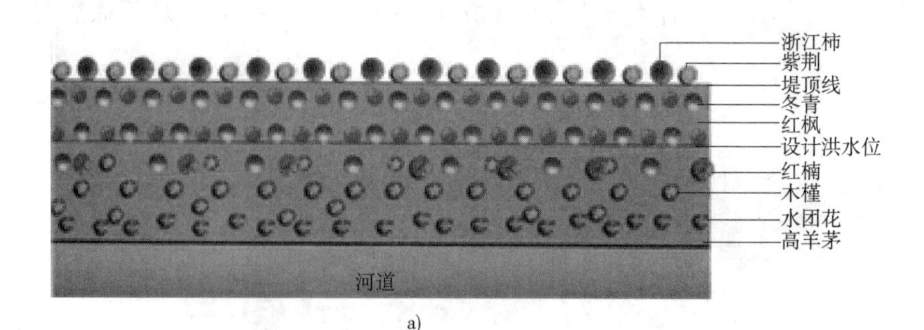

a)

b)

图4-10　植物空间配置示意图(方案三)

a)植物水平面布置示意图;b)植物垂直面布置示意图

根据研究区域不同河段的生态特征,主要采用了四种植物护岸技术:全系列生态护岸、土壤生物工程以及复合式生物稳定技术,并将这四种技术有机组合,形成多种植物生态护岸方案。

(1)方案一

在坡顶种植垂柳、水杉等本地的湿生乔木,株距为5m;常水位(2.6m高程)以上岸坡种植火棘、黄馨等耐湿性强的观赏灌木,地被铺设固坡效果好的结缕草;常水位附近种植根系较发达的野茭白、菖蒲、芦苇等本地挺水植物;向下种植芡实等浮叶植物和菹草等沉水植物。

(2)方案二

常水位以上的坡岸扦插4~5排长度0.5m、直径2~4cm的活性垂柳枝,株距约0.5m;坡顶种植柳树,株距5m;坡面地被铺设结缕草。常水位上方10cm处种植一排柴笼,其下方种植野茭白、菖蒲等挺水植物,能有效控制淘蚀作用。

(3)方案三

常水位以上的坡岸种植3排杞柳枝柴笼,排距0.8~1.0m。坡顶种植柳树,地被铺设结缕草;常水位以下依次种植菖蒲、野茭白等根系发达的挺水植物,以及苦草、菹草等沉水植物。

(4)方案四

从常水位至坡顶的坡面上均匀铺植杞柳枝柴笼,单株枝条长1~2m,枝条铺植厚度控制在10~15cm,每隔1m压入较粗的枝条或木楔;坡顶种植夹竹桃、柳树等湿生乔木。常水位附近安置一些抛石，并种植菖蒲、野茭白等根系发达的挺水植物，株距 30～50cm，向下种植苦草、菹草等沉水植物。

杜鹃河生态型河道建设工程完成后，对所运用的植物护岸技术进行了持续的生态监测。结果显示，植被护坡对稳定坡岸、改善坡岸的栖息地质量、修复河道的生态环境等均有良好效果。

第三节　护坡植被空间配置原则

植被的空间配置是河道群落设计的重要步骤，河道生态建设植物种类的配置必须遵循一定的原则，才能构建出健康稳定的群落，最大限度地发挥植物措施的作用。植物种类配置应根据河道具体的立地条件、功能和生态建设要求来确定，一般来说，河道生态建设植被空间配置应坚持以下原则。

一、乔灌草相结合原则

乔灌草相结合而形成的复层结构群落，能充分利用草本植物速生、覆盖率高及灌、乔木植株冠幅大、根系深的优点，增大群落总盖度，更好地发挥植物对雨水截留作用，减少坡面径流量，减小径流速度，从而削弱坡面径流的侵蚀力；同时增加了空间三维绿量，达到植被措施固土护坡、保持水土、美化环境的目的。

二、物种共生相融原则

根据限制因子理论、互利共生理论，选择合适的植物，合理配置植被的空间结构。自然界中生物之间存在共生、竞争等多种关系，构成了生态系统的自我调节和反馈机制。共生是指不同物种的有机体或系统合作共存，共生的结果使所有共生者都大大节约物质能量，减少浪费和损失，使系统获得多重效益。在河道生态建设中，植被的空间配置要避免种内激烈竞争，建立能够共生的群落，增强群落稳定性，提高群落生产力。

三、近自然布置原则

河道生态建设植物措施应用不同于河道一般的简单绿化，更不同于城市园林绿化。因此，河道植物的栽植提倡以近自然的布置方式为主，避免河岸园林化，机械化布置植物。所谓近自然布置，一方面是指植物材料本身为近自然状态，尽量避免人工修建和造型；另一方面是指在配置中要避免植物种类单一、株行距整齐划一。这样可以顺应自然和环境的发展，使生态系统能够恢复到最自然的状态。

在植被的空间配置中，尽可能仿照自然状态下的河岸植物情况，即“师仿天然”，仿照相同立地和气候类型下自然植被植物种类组成和空间结构进行配置。值得注意的是，某些河道及其环境条件异常复杂，如在水流速度大、冲刷能力强的河道，建议采用工程措施与植物措施相结合，建设成为既能满足河道主导功能要求，又具有一定生态服务功能的近自然河道。

四、因地制宜原则

植被的空间配置应根据河道的具体立地条件来确定。主要内容包括:河道类型、河道功能、基质类型、土壤理化性质、河床淤积情况、水文特征等。

河道类型主要是针对河道流经区域的特点,划分为山区河道、丘陵河道、平原区河道、沿海区河道。河道功能主要是指行洪排涝、供水灌溉、输水排沙、交通航运、水量调蓄、水质保护、渔业水产、景观休闲、生态环境、水能发电等。基质类型是河道岸坡的质地,如砂质、泥质、泥砂质或岩质等。土壤理化性质主要是河道岸坡土壤的重度、有机质含量、酸碱度等。水文特征主要是指水体水质和流速、水位变化等。

因此,应用植物措施进行河道生态建设,要根据不同类型、不同功能的河道和河道不同河段、不同坡位选择合理的植被空间配置,切忌生搬硬套,盲目照抄。

五、经济实用性原则

采取植物措施进行河道生态建设与传统治河方法相比,不仅具有改善环境、恢复生态、有利于河流健康等优点,还具有降低工程投资、增加收益之优势。因此,在植物种类和空间的配置上,应充分考虑各地经济的承受能力,尽量选用本地物种,节约工程建设投资和工程养护费用,力求植物配置方案经济实用。

第四节　航道护坡植被种类研究

一、植被护坡常用木本植物

(1)垂柳(Salix Babylonica)

杨柳科落叶乔木。速生,喜光,耐水湿,对土壤适应性强,对有毒气体具有一定抗性。适于湖边、池畔、河岸种植,也是防风固沙、维护堤岸的重要树种。主要分布于长江流域及其以南各地平原地区,华北、东北亦有栽培。如图 4-11 所示。

图 4-11　垂柳

(2)杞柳(Salix Purpurea)

杨柳科多年生灌木。喜光照,喜肥水,抗雨涝,耐盐碱性能较差,以在上层深厚的沙壤土和沟渠边坡地生长最好。主根少而深,侧根比较发达。对防风固沙,保持水土,保护河岸、沟坡、路坡具有一定作用,是固堤护岸的好树种。主要分布于东北地区及河北燕山。如图 4-12 所示。

图 4-12　杞柳

(3)枫杨(Pterocarya Stenoptera C. DC.)

胡桃科落叶乔木。喜光,根系发达、生长迅速,稍耐阴,喜温暖湿润气候,耐水湿,较耐旱、耐寒,对土壤要求不严,萌芽力强,易衰老。多生于沿溪间河滩、阴湿山坡地的林中。可孤植于草坪坡地,成片植于低洼地溪滩,列植于公路、堤岸,也可作为行道树、防风林树种。广泛分布于华北、华中、华南及西南各地,在长江流域和淮河流域最为常见。如图 4-13 所示。

图 4-13　枫杨

(4)水杉(Metasequoia Glyptostroboides)

杉科落叶乔木。速生,喜光,耐寒,适应性强,喜深厚肥沃的酸性土,抗 SO_2,生长迅速,病虫害少。宜配植于溪边、河畔、江河滩地和水网地区。为速生用材树种、园林观赏树种、绿化树种,亦可作防护林。为稀有种,仅存于我国川、鄂、湘边境地带。如图 4-14 所示。

图 4-14　水杉

(5)旱柳(Salixmatsudana)

杨柳科落叶乔木。阳性速生树种,不耐阴,耐寒,喜湿润的土壤,耐干旱,抗 SO_2 和烟尘,对土壤要求不严,耐重剪;深根性,侧根庞大发达,固着土壤。喜生于沟谷地及河边,适宜河、湖岸栽植。以我国黄河流域为栽培中心,东北、东北平原,黄土高原,西至甘肃、青海等皆有栽培。是我国北方平原地区最常见的乡土树种之一。如图4-15所示。

图4-15 旱柳

(6)柽柳(Tamarix Chinensis)

柽柳科落叶灌木或小乔木。耐水湿、耐干旱、耐盐碱、耐瘠薄。常生于盐碱土上,可植于湖边、岸旁、河滩,是河滩及盐碱地绿化树种。柽柳的分布范围很广,我国各地都有生长。如图4-16所示。

图4-16 柽柳

(7)乌桕(Sapium Sebiferum)

大戟科落叶乔木。速生经济林木,喜光,喜温暖气候及深厚肥沃而含水分丰富的土壤,耐间歇水淹,也有一定的耐旱力,对土壤要求不严,在酸性土、钙质土及含盐量0.25%以下的盐碱地上均能生长;寿命长,深根性,侧根发达,适应范围广,抗风能力强,对有害气体有一定的抗性,易受刺蛾类食叶害虫的危害。常配植于池畔、溪旁、水滨、草坪等处。色叶树种,春秋季叶色红艳。主要分布于我国黄河以南各省区,北达陕西、甘肃,其中以我国浙江最多。如图4-17所示。

(8)白蜡树(Fraxinus Chinensis)

木犀科落叶乔木。喜光,较耐阴,耐寒,耐湿地,耐干旱,对土壤要求不严;叶绿荫浓,秋天叶色变黄，为良好的观赏树种。适于池畔、湖滨栽植。北自我国东北中南部，经黄河流域、长江流域，南达广东、广西，东南至福建，西至甘肃均有分布。如图 4-18 所示。

图 4-17　乌柏

图 4-18　白蜡树

(9)紫穗槐(Amorpha Fruticosa L.)

豆科落叶灌木。喜光，对土壤要求不严，耐阴，耐旱，耐水湿和短期水淹，抗风沙，病虫害很少，抗烟、抗污染，抗盐碱性强，生长快，繁殖能力强，根系发达；具有根瘤菌，能改良土壤；在荒山坡、道路旁、河岸、盐碱地均可生长，为保持水土、固沙造林和防护林低层树种。广布于我国东北、华北、河南、华东、湖北、四川等省(区)，是黄河和长江流域很好的水土保持植物。如图 4-19 所示。

图 4-19　紫穗槐

(10)柠条(Caragana Korshinskii Kom)

豆科落叶大灌木。柠条为深根性树种,主根明显,侧根根系向四周水平方向延伸,纵横交错,固沙能力很强。耐旱、耐寒、耐高温、耐寒性和耐盐碱性都很强。土壤 pH6.5 ~ 10.5 的环境下都能正常生长。正因为它适应性强,成活率高,因此是我国中西部地区防风固沙、保持水土的优良树种。一丛柠条可以固土 $23m^3$,可截留雨水 34%,减少地面径流 78%,减少地表冲刷 66%。柠条林带、林网能够削弱风力,降低风速,直接减轻林网保护区内土壤的风蚀作用,变风蚀为沉积,土粒相对增多,再加上林内有大量枯落物堆积,使沙土重度变小,腐殖质及氮、钾含量增加,尤以钾的含量增加较快。主要分布于我国内蒙古、陕西、宁夏、甘肃等地。如图 4-20 所示。

图 4-20　柠条

(11)沙棘(Hippophae Rhamnoides Linn.)

胡颓子科落叶性灌木。喜光,耐寒,耐酷热,耐风沙及干旱气候。对土壤适应性强,可以在盐碱化土地上生存,因此被广泛用于水土保持。国内分布于华北、西北、西南等地。如图 4-21所示。

图 4-21　沙棘

(12)夹竹桃(Nerium Oleander)

夹竹桃科常绿直立大灌木。喜光,喜温暖、湿润的气候,不耐寒;耐旱力强,对土壤要求不严,在碱性土上也能生长。适应性强,栽培管理比较容易。在国内遍及南北城乡各地。如图 4-22 所示。

图4-22 夹竹桃

二、植被护坡常用草本植物

(1)百喜草(Paspalum Natatu)

禾本科多年生草本植物。生性粗放,对土壤选择性不严,分蘖旺盛,地下茎粗壮,根系发达。密度疏,耐旱性、耐暑性极强,耐寒性尚可,耐阴性强,耐踏性强。所需养护管理水平低,是南方优良的道路护坡、水土保持和绿化植物。百喜草适宜于热带和亚热带,年降水量高于750mm的地区生长。在我国广东、广西、海南、福建、四川、贵州、云南、湖南、湖北、安徽等南方大部分地区都适宜种植。如图4-23所示。

图4-23 百喜草

(2)香根草(Vetiveria Zizanioides L.)

禾本科多年丛生的草本植物。适应能力强,能适应各种土壤环境,强酸强碱、重金属和干旱、渍水等条件。生长繁殖快,根系发达,耐旱耐瘠。此外,香根草没有根茎或匍匐茎,故不会成为农田杂草。香根草也极少感染或传播病虫害,多数能生活几十年甚至数百年。在华南、华东、西南等地被广泛用于治理水土流失。如图4-24所示。

图4-24 香根草

(3)芨芨草(Achnatherum Splendens)

禾本科多年生密丛生草本。芨芨草在黄土高原各种立地条件下均能生长,而且分布广,根系发达,茎叶茂密,能有效地固结土壤,拦截地表径流,并具有良好的水土保持作用。常在路边、岸边、陡坎及切割严重的沟坡生长,而且耐践踏、耐啃食、抗病虫害。特别是在滑坡坡面及路旁切削过的坡面上常形成天然草埂式绿篱,是优良的生物护埂和水土保持植物。芨芨草再生能力强,可依靠自身庞大的根系和高大植丛,抑制其他有毒有害植物的生长,能形成以芨芨草为建群种的优势群落类型,而且群落单一稳定,抗御各种自然灾害的能力强。尤其是在侵蚀沟头、沟底、沟坡有拦泥、滞流、分流作用,也可防止沟底下切,沟头前进,沟岸崩塌。常用其绿化荒山、荒坡,防冲、护路、护坝固渠。芨芨草在我国北方分布很广,从东部高寒草甸草原到西部的荒漠区,以及青藏高原东部高寒草原区均有分布,如黑龙江、吉林、辽宁、内蒙古、陕西北部、宁夏、甘肃、新疆、青海、四川西部、西藏高原东部等。如图4-25所示。

图4-25　芨芨草

(4)互花米草(Spartina Alterniflora Loisel.)

禾本科多年生草本植物。生于潮间带。植株耐盐耐淹,抗风浪,具有很好的消浪功能。秸秆密集粗壮、地下根茎发达,能够促进泥沙的快速沉降和淤积,具有保滩护堤、促淤造陆的生态功能。但是其在潮滩湿地生境中超强的繁殖力,威胁着全球的海滨湿地土著物种,所以在种植时要控制其生长势态,防止其成为入侵植物。国内主要分布于东部沿海盐沼,北至天津塘沽,南至广东珠海。如图4-26所示。

图4-26　互花米草

(5)紫花苜蓿(Medicago Sativa L.)

豆科多年生草本植物。抗逆性强,适应范围广,能生长在多种类型的气候、土壤环境下。性喜干燥、温暖、多晴天、少雨天的气候和干燥、疏松、排水良好且富含钙质的土壤。紫花苜蓿蒸腾系数高,生长需水量多,但又最忌积水,若连续淹水1~2天即大量死亡。适应在中性至微碱性土壤上种植,不适应强酸、强碱性土壤,最适土壤pH值为7~8,土壤含可溶性盐在0.3%以下就能生长。国内主要产区在西北、华北、东北、江淮流域。如图4-27所示。

图4-27 紫花苜蓿

(6)结缕草(Zoysia Japonica)

禾本科多年生草坪植物。阳性,耐阴,耐热,耐寒,耐旱,耐践踏,适应性和生长势强。具直立茎,须根较深,一般可深入土层30cm以上,因此它的抗干旱能力特别强,能够在斜坡上顽强地生长。除了春、秋季生长茂盛外,炎热的夏季亦能保持优美的绿色草层,冬季休眠越冬。不仅是优良的草坪植物,还是良好的固土护坡植物。我国的河北、安徽、江苏、浙江、福建、山东、东北、台湾等地均有分布。如图4-28所示。

图4-28 结缕草

(7)小冠花(Coronilla Varia L.)

豆科多年生草本植物。喜温暖湿润气候,但因其根蘖芽潜伏于地表下20cm左右处,故抗寒越冬能力较强。小冠花的根系发达,在西北地区用于公路护坡,生长一年可达1.4m,二年可达4.8m以上。每平方米侧根可达百余条,抗旱性好,一般在年降水400~450mm的地方无灌溉条件也能正常生长。但不太耐涝,长期积水可能会导致植株死亡。对土壤要求不严,在pH5.0~8.2的土壤上均可生长。极少发生病虫害。是抗性和固土能力极强的地被植物,生长蔓延快,覆盖度大,抗逆性强,花期长,可大量栽植与坡地,防止水土流失;也可在园林中成片栽植,是较好的观花地被植物。如图 4-29 所示。

图 4-29　小冠花

三、植被护坡常用水生植物

根据水生植物的生活方式,一般将其分为以下几大类:挺水植物(Emergent)、浮叶植物(Floating-leaved)、沉水植物(Submergent)和漂浮植物(Free-drifting)。

1. 挺水植物(Emergent)

(1)芦苇(Phragmites Australis)

禾本科多年水生或湿生植物。芦苇生长在灌溉沟渠旁、河堤沼泽地、河溪边等多水地区。芦苇的植株高大,地下有发达的匍匐根状茎。其优点为深水耐寒,抗旱,抗高温,抗倒伏,笔直,株高,梗粗,叶壮,成活率高,能达到短期成型、快速成景。另外,芦苇生命力强,易管理,适应环境广,生长速度快,是景点旅游、水面绿化、河道管理、净化水质、沼泽湿地、置景工程、护土固堤、改良土壤之首选。在我国广大地区均有分布。如图 4-30 所示。

图 4-30　芦苇

(2)菖蒲(Acorus Calamus Linn)

天南星科多年水生草本植物。菖蒲生性粗放,适应能力强,无需特别管理便可繁茂生长,而且很少有病虫害发生;且其叶丛翠绿,端庄秀丽,具有香气,适宜水景岸边及水体绿化。分布于我国南北各地。如图 4-31 所示。

图4-31　菖蒲

(3)香蒲(Typha Orientalis Presl)

香蒲科多年生水生或沼生草本。该种叶片挺拔,花序粗壮,喜温暖湿润气候及潮湿环境,是重要的水生经济植物之一。国内分布于黑龙江、吉林、辽宁、内蒙古、河北、山西、山东、河南、陕西、安徽、江苏、浙江、湖南、湖北、江西、广东、云南、台湾等省区。如图4-32所示。

图4-32　香蒲

(4)水葱(Softstem Bulrush)

莎草科多年生宿根挺水草本植物。株高1~2m,茎杆高大通直,杆呈圆柱状,中空。根状茎粗壮而匍匐,须根很多。在自然界,常生长在沼泽地、沟渠、池畔、湖畔浅水中。最佳生长温度15~30℃,10℃以下停止生长。能耐低温,北方大部分地区可露地越冬。对污水中的有机物、氨氮、磷酸盐及重金属有较高的除去率。我国东北各省、内蒙古、山西、陕西、甘肃、新疆、河北、江苏、贵州、四川、云南均有生产。如图4-33所示。

图4-33　水葱

2. 浮叶植物(Floating-leaved)

(1)芡实(Euryale Ferox Salisb. ex DC)

睡莲科一年生水生草本。喜温暖水湿,不耐霜寒。生长期间需要全光照。水深以80~120cm为宜,最深不可超过2m。最宜富含有机质的轻黏壤土。多生于池沼湖塘浅水中,果实可食用,也作药用。我国中部、南部各省均有产。如图4-34所示。

图4-34 芡实

3. 沉水植物(Submergent)

沉水植物是指植物体全部位于水层下面营固着生活的大形水生植物,对河道水质改善有一定作用。挺水型水生植物植株高大,直立挺拔,根或地茎扎入水下底泥中生长,上部植株挺出水面,可起到一定的消浪护岸作用,适宜生长于0~1.5m的水深处。浮叶型水生植物的根状茎发达,根部永远浸没于水中,叶片与藻体既可浸没于水中,又可连同花一起浮在水面上,可在水面附近对岸坡起保护作用。

(1)苦草[Vallisneria Natans (Lour.) Hara]

水鳖科多年生无茎沉水草本,有匍匐枝。喜温暖,耐阴,对土壤要求不严,野生植株多生长在林下山坡、溪旁和沟边。植株叶长、翠绿、丛生,是植物园水景、风景区水景、庭院水池的良好水下绿化材料。在我国南方各省均适宜种植。如图4-35所示。

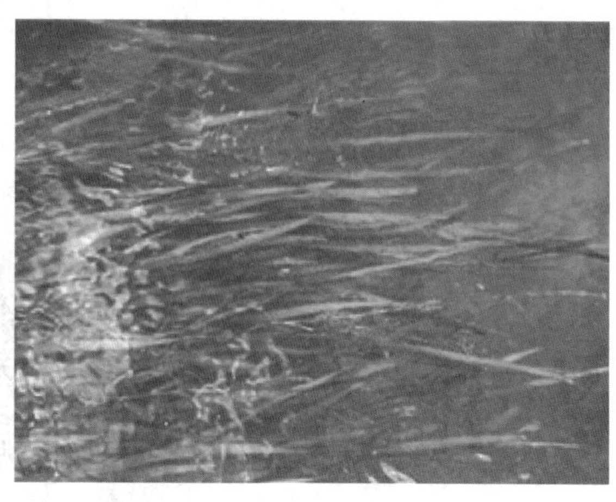

图4-35 苦草

(2)金鱼藻(Ceratophyllum Demersum L.)

金鱼藻科多年生沉水草本。喜氮,生长与光照关系密切,对水温要求较宽,但对结冰较为敏感。群生于淡水池塘、水沟、稳水小河、温泉流水及水库中。分布于我国东北、华北、华东、台湾。如图4-36所示。

图4-36　金鱼藻

(3)菹草(Potamogeton Crispus)

眼子菜科多年生沉水草本植物。叶条形,无柄。生于池塘、湖泊、溪流中,静水池塘或沟渠中较多。由于其对锌有较高的富集能力和对砷的净化能力,所以菹草有着良好的环境效应,是湖泊、池沼、小水景中的良好绿化材料。分布于我国南北各省。如图4-37所示。

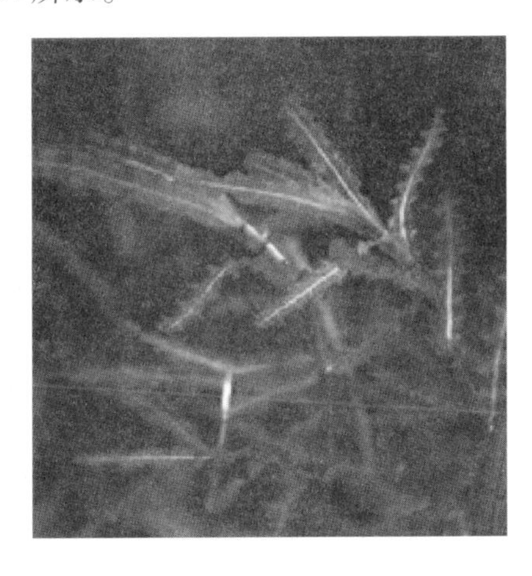

图4-37　菹草

四、航道护坡植被种类推荐

我国地域辽阔,南北气候差异十分明显,因此在不同地区,适应种植的植物也不同,常用的植被类型包括:木本植被、草本植被和水生植被。对于不同区域草种或灌木种的选择,国内常按地理区域划分为华东、华南、华北、华中、西北、东北、西南和青藏高原等不同区域。

综合我国许多生态护坡工程中种植植物的具体实例及野生植物品种驯化的成果来看，我国不同区域适合河道生态护坡的植被见表4-1。

我国不同地域河道护坡植被种类推荐表　　表4-1

地域	木本植被	草本植被	水生植被
东北	垂柳、沙棘、杞柳、胡枝子、兴安刺玫、黄刺玫、刺五加、毛榛、榛子、树锦鸡儿、小叶锦鸡儿、柠条锦鸡儿、紫穗槐、杨柴	野牛草、紫羊茅、林地草熟禾、草地草熟禾、加拿大草熟禾、匍茎剪股颖、白颖苔草、异穗苔草、小冠花、白三叶、结缕草、紫花苜蓿、芨芨草	芦苇、菖蒲、香蒲、金鱼藻、菹草、慈姑、水葱、萱草、莎草
华北	垂柳、旱柳、紫穗槐、柠条、沙棘、杨柴、锦鸡儿、柠条、花棒、踏朗、梭梭、白梭梭、沙拐枣、毛条、沙柳	野牛草、结缕草、羊茅、早熟禾、针茅、无芒雀麦、披碱草、冰草、小糠草、苔草、黑麦草、红豆草、沙打旺、白三叶、山荞麦、马兰花、小冠花、紫花苜蓿、芨芨草、互花米草	芦苇、菖蒲、香蒲、金鱼藻、菹草、慈姑、水葱、萱草、莎草
西北	旱柳、柽柳、柠条、沙棘、沙棘、刺玫、锦鸡儿、紫穗槐、杨柴、胡枝子、枸杞子、柽柳、霸王、白刺、四翅滨藜、沙地柏、梭梭、沙柳、金露梅、沙拐枣	紫野牛草、紫羊茅、羊茅、苇状羊茅、林地草熟禾、草地草熟禾、加拿大草熟禾、草熟禾、小糠草、匍茎剪股颖、白颖苔草、异穗苔草、小冠花、白三叶、结缕草、狗牙根（温暖处）、紫花苜蓿、芨芨草	芦苇、菖蒲、菹草、慈姑、水葱、萱草、莎草
华东	垂柳、枫杨、乌桕、石榴、紫穗槐、夹竹桃小蘖、蔷薇、报春、爬柳、杜鹃、山胡椒、山苍子、马桑、乌药	紫羊茅、草地草熟禾、草熟禾、小糠草、匍茎剪股颖、狗牙根、假俭草、结缕草、细叶结缕草、中华结缕草、马尼拉草、百喜草、紫花苜蓿、互花米草	芦苇、菖蒲、香蒲、芡实、苦草、金鱼藻、菹草、慈姑、水葱、鸢尾、萱草、荷花
华中	垂柳、枫杨、水杉、蔷薇、报春、小蘖、火棘、黄馨、紫穗槐、绣线菊、酸枣、杞柳、山楂、柠条、多花木兰	羊茅、紫羊茅、草地草熟禾、草熟禾、小糠草、匍茎剪股颖、小冠花、狗牙根、假俭草、结缕草、细叶结缕草、马尼拉结缕草、百喜草	芦苇、菖蒲、香蒲、芡实、苦草、菹草、慈姑、萱草、荷花
西南	垂柳、枫杨、怪柳、乌桕、沙棘蔷薇、海棠、夹竹桃、紫穗槐、杜鹃	羊茅、苇状羊茅、紫羊茅、草地草熟禾、加拿大草熟禾、草熟禾、小康草、多年生黑麦草、小冠花、白三叶狗牙根、假俭草、结缕草、沟叶结缕草、百喜草	芦苇、菖蒲、芡实、苦草、菹草、慈姑、水葱、鸢尾、萱草、莎草
华南	枫杨、白蜡爬柳、密枝杜鹃、紫穗槐、胡枝子、夹竹桃、孛孛栎、木包树、茅栗、化香、白檀、海棠、野山楂、冬青、红果钓樟、水马桑、蔷薇、黄荆、车桑子蛇藤、小果南竹、桤木、杜鹃	狗牙根、地毯草、假俭草、结缕草、黑麦草、百喜草、香根草、画眉草、爬墙虎、白三叶、知风草、苇状羊茅、结缕草、葡茎剪股颖、双穗雀稗、假俭草、蟛蜞菊、吉祥草、草决明、互花米草	芦苇、菖蒲、香蒲、芡实、苦草、菹草、慈姑、萱草、荷花
青藏高原	鬼箭锦鸡儿、沙棘、柠条、枸杞子、柽柳、霸王、白刺、沙地柏、金露梅、四翅滨藜	垂穗披碱草、芨芨草、白草、老芒麦、紫花苜蓿、冷地早熟禾、星星草、赖草、羊茅、紫花针茅、无芒雀麦、西伯利亚冰草、高山蒿草、藏蒿草、驼绒藜	钝叶菹草、圆叶碱毛茛、西伯利亚蓼、麦娘、黄花水毛茛、蔺草、沿沟草、木里苔草

第五章　绿色生态航道护岸治理方案综合评价

第一节　绿色生态航道治理工程方案的评价指标体系

正是由于关于生态航道定量化和效应的研究很少，这就给生态航道的建设、保护与管理带来了一定的困难。缺乏统一的衡量标准，也造成了目前人们对生态航道理解的盲目性和片面性[50]。指标是指根据研究的对象和目的，能够确定地反映研究对象某一方面情况的特征依据，包括数量特征和质量特征。指标体系则是指由一系列相互联系的指标构成的，能够根据研究的对象和目的，综合反映出对象各个方面情况的体系。对绿色生态岸坡治理方案实施综合评价，其前提是科学构建合理的评价指标体系。

一、评价指标体系构建原则

评价岸坡绿色治理的生态属性应该把握合理适度的评价原则。由于岸坡绿色生态治理牵涉领域广，子系统相互作用，具有相互间的输入与输出，因此，要在众多的影响指标中选择那些最灵敏、可度量且内涵丰富的主导性指标作为评价因子。指标的选择必须遵守以下原则。

①科学性原则。概念明确，能够较客观、真实地反映与航道岸坡建设息息相关的生态系统的内涵与基本特征。

②系统性原则。能综合反映河道生态系统的完整性，全面衡量所考虑的诸多生态影响因子。不仅要反映生态环境的发展规律，而且还要反映对区域功能的促进，即生态系统与社会、经济的整体性和协调性。

③层次性原则。生态系统受内部与外部多种因素影响与制约，在众多的因子中，各种因子的作用过程及作用方式不同，评价指标应能反映生态系统中的主次关系。

④独立性原则。许多度量指标往往存在信息上的重叠，所以要尽量选择那些具有相对独立性的指标。

⑤最简最小化原则。在选取评价因子、制订评价指标体系及构建评价模式时，不可能面面俱到，应当遵循简洁、方便、有效、实用的原则，应有明确的内涵和可度量性。指标体系最简最小化就是要通过相关学科理论的概括，抽取对评价目标影响较大，而又易于获取观测资料，并有利于生产及管理部门掌握的因子及模式。

⑥主导性原则。设置指标时应尽量选择那些有代表性的综合指标。

二、评价指标体系建立步骤

针对一项具体的岸坡生态治理建设项目，建立一个具有科学性、完备性及实用性的多层次模糊综合评价指标体系，是一件复杂而又困难的工作。建立评价指标体系一般要经过三个阶段：初步拟定阶段、专家评议筛选阶段及确定阶段，步骤如下。

①系统分析。拟定多层次模糊综合评价指标体系时，必须首先对评价项目做深入的系统分析。从分析项目各评价因素的逻辑关系入手，对项目做出条理清晰、层次分明的系统分析。

②目标分解。项目模糊综合评价，应从整体最优原则出发，以局部服从整体、宏观与微观相结合，综合多种因素，确定项目的总目标。对目标按其构成要素之间的逻辑关系进行分解，形成系统的完整的评价指标体系。

③确定指标体系。通过系统分析，初步拟出评价指标体系后，应进一步征询有关专家的意见，对指标体系进行筛选、修改和完善，以最终确定指标体系。

三、评价指标体系构成分析

依据岸坡绿色生态治理的科学内涵与特征，从岸坡防护基本功能、护岸生态性、植被、景观、施工及管理6个方面出发，建立了两层次评价指标体系，将整个指标体系分为6个指标群：岸坡稳定指标群、生态型护岸指标群、绿色植被指标群、景观水质指标群、生态施工指标群和管理指标群。岸坡绿色生态治理评价指标体系构成见图5-1。

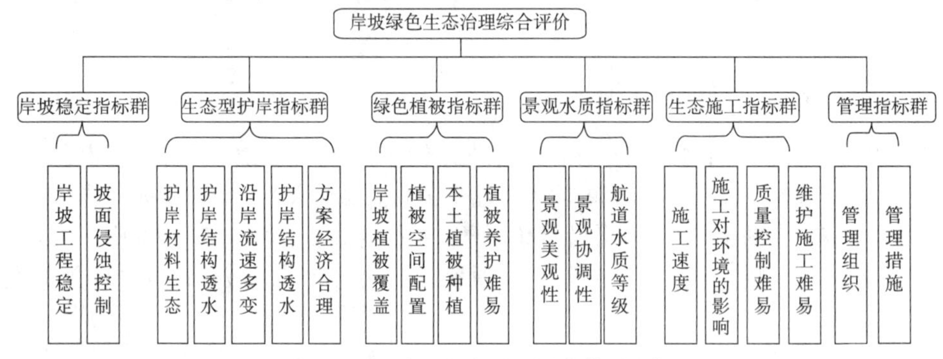

图5-1 岸坡绿色生态治理评价指标体系示意图

1. 岸坡稳定指标群

航道岸坡的稳定性对维护河势稳定、保障通航安全具有重要意义。采用植被技术对岸坡进行绿色生态治理，其前提是必须保证岸坡结构的工程稳定性，同时对降雨造成的坡面侵蚀进行有效控制。岸坡工程稳定性，主要考察航道边坡的整体稳定性、抗滑抗倾稳定性等，可采用生态护岸结构的稳定安全系数作为量化指标，主要考察岸坡植被对降雨形成的坡面径流冲刷的防护效果，采用侵蚀模数作为量化指标。

2. 生态护岸指标群

河岸带作为滨水区域中适宜植物生长的地区，不仅为动物提供了栖息场所，也是陆生和水生动植物活动迁移的廊道，在生态系统中占据非常重要的地位。生态护岸建设是岸坡绿色生态治理的关键环节，生态护岸评价指标包括：

①护岸材料生态性，主要考察生态友好型材料，例如人工植被、自然材料（如木桩、竹笼、卵石等）、新型材料（如生态混凝土、土壤固化剂、土工材料网和钢丝网笼）等，在护岸建设中的使用情况。

②护岸结构透水性，即护岸的结构设计是否能保证河道水体与岸坡的侧向连通性，同时是否能为水生动植物提供生存场所。

③沿岸流速多变性，即护岸前沿错落有致，岸线蜿蜒有度，以营造水流流速多变性，有利于促进生物多样性。

④护岸结构亲水性，即结构设计是否满足人居亲水需求。

⑤方案经济合理性，即岸坡治理方案在保证其应具有的工程特性的前提下，还必须是经济合理的。

3. 绿色植被指标群

采用植被技术是实施岸坡绿色治理的核心环节，绿色植被指标群包括：

①植被覆盖率，即某一地域植物垂直投影面积与该地域面积之比，用百分数表示。

②植被空间配置合理性，主要考察不同种类植被在空间上的合理组合情况，即乔木、灌木与草本植被的搭配状况。

③本土植被种植情况，在一定程度上反映了岸坡绿色治理措施与当地自然环境的协调性，可采用本土植被种类占所种植岸坡植被的比例进行量化。

④植被养护难易程度，主要考察岸坡绿色生态治理过程中种植的岸坡植被生长情况，包括植被的存活率、生长速度、生长周期、日常养护难易程度等。

4. 景观水质指标群

景观水质评价指标包括：

①景观美观性，生态护岸工程实施后岸坡的整体美观性。

②景观协调性，实施岸坡绿色生态治理后其与周边自然环境及与城市整体景观是否协调。

③航道水质等级，主要考察岸坡绿色生态治理项目范围内的船舶污水排放是否得到有效控制，尽可能减少因航运开发对河道水质造成的胁迫，可以航段内水体的水质等级作为量化指标。

5. 生态施工指标群

生态施工评价主要针对生态护岸结构的施工过程，即护岸结构的施工必须简便易行，不仅包括基建时的施工问题，还应考虑维护期间的修复施工的难易问题，即应是全过程的施工问题。因此，生态施工评价包括以下四个评价指标：

①施工速度。

②施工对环境的影响，即施工过程的噪声、建筑垃圾，以及对通航等的影响。

③施工质量控制难易程度，即施工过程中的各道工序质量能达到规定的难易程度。

④维护施工难易程度，即护岸进行维护时的复杂程度，如是否需造围堰、是否需大面积拆除翻修或只是小范围的修补等。

6. 管理指标群

河道生态系统的恢复与完善是动态的，受自然条件与人类活动的影响，因此需要长期优良的管理措施来维持河岸带生态的健康发展。管理指标体系包括：

①管理组织。要求做到组织健全、制度完善。

②管理措施。在河道管理中做到堤防安全巡查、植被护理、严禁河坡（河堤）取土与违章搭建、控制污染物随意排放、禁止垃圾倾倒、定期河道清淤、沉水植物与浮叶植物的收获、挺水植物的按时收割等。

第二节 绿色生态航道治理工程方案的评价方法

一、综合评价方法综述[51-56]

综合评价是指对多属性体系结构描述的对象系统地做出全局性、整体性的评价。现有的综合评价方法很多,包括加法评分法、连乘评分法、加乘评分法、加权评分法、专家估测法、统计因子分析法、主成分分析法和层次分析法等。

(1)加法评分法

此评分法是分别将各方案的评价项目的实得分值,用加法计算求得总分值,据此确定各方案的优劣,决定采纳方案与否。此法计算简单、使用方便,适于对非常优秀方案的选择和很差方案的淘汰。但是用于优劣差异不明显的几个方案的评价,灵敏度不高。加法评分法的计算公式为:

$$S = \sum_{i=1}^{n} S_i \tag{5-1}$$

式中:S——方案的总分值;

S_i——i 评价项目的得分;

n——评价项目数。

(2)连乘评分法

此评分法是分别将各方案的评价项目的实得分值连乘,其乘积作为各方案的总分值,以此确定方案的优劣,决定采纳方案与否。其计算公式为:

$$S = \prod_{i=1}^{n} S_i \tag{5-2}$$

式中:S——方案的总分值;

S_i——i 评价项目的得分;

n——评价项目数。

由于总分值由连乘而得,不同方案的总分值的差距较大,所以与加法评分法相比,连乘评分法排序比较的灵敏度较高。

(3)加乘评分法

此评分法将评价项目分为大、小项目两个层次,每个大项目中包括若干个小项目。评价时,首先给出各小项目的分值,然后求出大项目内的各小项目的分值的和作为该大项目的评分,最后再将各大项目的评分连乘所得的积作为方案的总分值,以此评价各方案的优劣,决定采纳方案与否。其计算公式为:

$$S = \prod_{i=1}^{n} \sum_{j=1}^{m} S_{ij} \tag{5-3}$$

式中:S——方案的总评分值;

S_{ij}——i 大项目中的 j 小项目的评分值;

m——各大项目中的小项目数;

n——大项目数。

这种方法是加法评分法与连乘评分法的组合,兼具两者的特征和优点。

(4)加权评分法

此评分法是根据评价项目的重要程度确定加权系数,然后将其与对应的评分值相乘,所得的积相加即得方案的总评分值。计算公式为:

$$S = \sum_{i=1}^{n} W_i S_i \left(\sum_{i=1}^{n} W_i = 1 \right) \tag{5-4}$$

式中:S——方案的总评分值;

W_i——i 评价项目的加权系数;

S_i——i 评价项目的评分值;

n——评价项目数。

此法的特点是通过确定不同的加权系数,使评价重点突出,达到对评价结果进行修正的目的。因此,与其他评分法比较,使用这种方法对技术方案进行评价,结果较为精确和可靠。但在使用时,需注意评价项目的选择,应使它们尽量独立、相互排斥。

(5)模糊综合评价方法

模糊评价法是20世纪60年代由美国科学家扎德教授创立的,是针对现实中大量的经济现象具有模糊性而设计的一种评判模型和方法,在应用实践中得到有关专家不断演进。该方法既有严格的定量刻画,也有对难以定量分析的模糊现象进行主观上的定性描述,把定性描述和定量分析紧密地结合起来。

模糊综合评判作为模糊数学的一种具体应用方法,它主要分为两步:先按照每个因素单独评判;再按照所有因素综合评判。其优点是:数学模型简单,容易掌握,对多因素、多层次的复杂问题评判效果比较好,是别的数学分支和模型难以替代的方法。模糊综合评判方法的特点在于,评判逐对进行,对被评对象有唯一的评判值,不受被评价对象所处对象集合的影响。这种模型应用广泛,在许多方面采用模糊综合评判的实用模型取得了很好的经济效益和社会效益。

模糊综合评价的优点是可对涉及模糊因素的对象工程技术方案进行综合评价。模糊综合评价作为较常用的一种模糊数学方法,广泛地应用于经济管理等领域,然而,随着综合评价在经济、社会等大工程技术方案评价中的不断应用,由于问题层次结构的复杂性、多因素性、不确定性、信息的不充分性以及人类思维的模糊性等矛盾的涌现,使得人们很难客观地做出评价和决策。模糊综合评价方法的不足之处,是它并不能解决评价指标间相关造成的评价信息重复问题,隶属函数的确定还没有工程技术方案评价的方法,而且合成的算法也有待进一步探讨。其评价过程大量应用了人的主观判断,由于各因素权重的确定带有一定的主观性,因此,总的来说,模糊综合评价是一种基于主观信息的综合评价方法。实践证明,综合评价结果的可靠性和准确性依赖于合理选取因素、因素的权重分配和综合评价的合成因子等。所以,无论如何都必须根据具体综合评价问题的目的、要求以及特点,从中选出合适的评价模型和算法,使所作的评价更加客观、科学和有针对性。

(6)专家估测法

专家估测法的原名是 DelPhiMethdo,是美国兰德公司在1964年首先用于技术预测的。它的主要特征是由研究人员以书面的形式征询各个专家的意见,背靠背地反复多次汇总与调查,并在不断的反馈和修改中得到比较满意的结果。由于专家组的构成对每位专家都是保密的,鼓励个人独立思考,消除或减轻了专家面对面直接交流的弊端。专家直接估权法是估价权数确定方法中最常用、最直接的一种方法。

(7)统计因子分析法

因子分析起源于心理学,直到20世纪60年代才发展成型。因子分析是从所研究的全部原始变量中将有关信息集中起来,通过探讨相关矩阵的内部依赖结构,将多变量综合成少数因子,以再现原始信息之间的关系,并进一步探讨产生这些相关关系的内在原因的一种多元统计分析方法。在多元统计分析中,因子分析是一种很有效的降维和信息浓缩技术。因子权重分析法,就是通过原始指标的相关矩阵 R 所含有的信息,建立因子模型,将原来众多具有一定相关性的指标(比如 p 个指标),综合为少数几个(m 个,$m<P$)新的不可观测的且相互无关的综合指标(称为因子),这少量的综合指标涵盖了原指标带有的绝大部分信息,并且根据相关性的大小把原始指标重新分组,使得同组内的指标之间相关性较高,但不同组的指标相关性较低,从而为研究实际问题提供了方便。

(8)主成分分析法

主成分分析是多元统计分析的一个分支。20世纪30年代,由于FISher、Hotelling、许宝禄及Ryo等人的一系列奠基性工作,使得多元统计分析成为应用数学的一个重要分支。主成分分析法,先是由Karl、Paerosn应用于非随机向量,而后Hotelling将之推广到了随机向量。多元统计分析中的主成分分析法,以其理论的简洁性、赋权的客观性等特点,广泛应用于经济、社会、科教、环保等领域众多对象的评价和排序。这一方法的基本特征,是应用数理统计和线性代数知识,通过寻找样本点散布最开的各正交方向,对样本阵中的信息进行提炼和降维;再应用决策分析和泛函分析知识,探索主成分价值函数的形成机理和结构形式,进一步把低维系统转化为一维系统。

上述各方法在使用中各有优劣,但多数方法存在对因子间的重要性程度上反映较差、灵敏度不高的问题。模糊综合评价方法主要提高了对指标的灵敏度,评价结果更加客观、准确。指标的权重确定在模糊综合评价中占有重要地位,本次评价指标的权重确定采用专家估测法和层次分析法相结合的方法。

二、权数确定的层次分析法[57-63]

层次分析法AHP由美国运筹学T. L. saaty在20世纪70年代初提出,它是将一些难量化的定性问题,在严格数学运算的基础上进行量化;将一些定量与定性相混杂的复杂决策问题综合为统一整体后,再进行综合分析评价。此方法特别适用于那些难以完全用定量方法进行分析的复杂问题。层次分析法自正式提出后,很快就在世界范围内得到普遍的重视和广泛的应用。本方法自20世纪80年代引入我国,很快就为广大技术人员所接受,并在决策、评价排序、指标综合、预测等领域获得成功应用。

1. 层次分析法基本原理

层次分析法首先是把要决策的问题按总目标、各层子目标、评价准则直至具体的备择方案的顺序分解为不同的层次,并建立递阶层次结构和两两判断矩阵;然后利用求判断矩阵特征向量的办法,求得每一层的各元素对上一层元素的优先权重,最后再用加权和的方法递阶归并各备选方案对总目标的最终权重,此最终权重值最大者即为最优方案。层次分析法的整个求解过程,符合人脑判断思维的基本特征,即"分解—判断—综合",因此容易被决策者等接受。层次分析法特别适宜于具有分层结构的评价指标体系，而且评价指标又难于定量描述的决策问题。

2. *层次分析法的基本步骤*

层次分析法是系统工程中对非定量事件作定量分析的一种简单方法，也是对主观判断作客观描述的有效办法，其主要步骤如下。

1）确定目标和评价因素集 $\boldsymbol{U}$

2）构造判断矩阵

以 A 表示目标，u_i表示评价因素 $u_i \in \boldsymbol{U}$，u_{ij}表示 u_i对 u_j的相对重要性数值（$i=1,2,3,\cdots,n;j=1,2,\cdots,n$），$u_{ij}$的取值参照表 5-1，得到判断矩阵 $\boldsymbol{P}$，亦称之为 $\boldsymbol{A}$-$\boldsymbol{U}$ 判断矩阵。

判断矩阵标度及其含义　　表 5-1

标　度	含　义
1	表示因素 u_i与 u_j比较，具有同等重要性
3	表示因素 u_i与 u_j比较，u_i比 u_j稍微重要
5	表示因素 u_i与 u_j比较，u_i比 u_j明显重要
7	表示因素 u_i与 u_j比较，u_i比 u_j强烈重要
9	表示因素 u_i与 u_j比较，u_i比 u_j极端重要
2,4,6,8	2,4,6,8 分别表示相邻判断 1－3,3－5,5－7,7－9 的中值
倒数	表示因素 u_i与 u_j比较得判断 u_{ij}，则 u_i与 u_j比较得判断 $u_{ji}=1/u_{ij}$

3）计算重要性排序

根据 $\boldsymbol{A}$-$\boldsymbol{U}$ 矩阵（判断矩阵），求出最大特征根所对应的特征向量。所求特征向量即为各评价因素重要性排序，也就是权数分配。判断矩阵的解法主要有方根法与和积法两种，在此说明和积法求解特征向量的计算步骤。

（1）将判断矩阵每一列归一化

$$\overline{u_{ij}} = \frac{u_{ij}}{\sum_{k=1}^{n} u_{kj}} \quad (i,j=1,2,\cdots,n) \tag{5-5}$$

（2）每一列经正规化后的判断矩阵按行相加

$$\overline{W_i} = \sum_{j=1}^{n} \overline{u_{ij}} \quad (i,j=1,2,\cdots,n) \tag{5-6}$$

（3）对向量 $\overline{\boldsymbol{W}}=(\overline{W_1},\overline{W_2},\cdots,\overline{W_n})^{\mathrm{T}}$ 作正规化处理

$$W_i = \frac{\overline{W_i}}{\sum_{j=1}^{n} \overline{W_j}} \quad (i=1,2,\cdots,n) \tag{5-7}$$

所得到的 $\boldsymbol{W}=(W_1,W_2,\cdots,W_n)^{\mathrm{T}}$ 即为所求特征向量。

（4）计算判断矩阵最大特征根 $\lambda_{\max}$

$$\lambda_{\max} = \frac{1}{n} \sum \frac{(PW)_i}{W_i} \tag{5-8}$$

4）检验

通过对判断矩阵进行一致性检验，可以判断第三步中求得的权数分配是否合理，检验公式为：

$$CR = \frac{CI}{RI} \tag{5-9}$$

式中：CR——判断矩阵的随机一致性比率；

CI——判断矩阵的一般一致性指标，$CI = \frac{1}{n-1}(\lambda_{max} - n)$；

RI——判断矩阵的平均随机一致性指标，对于1～9阶判断矩阵，RI值见表5-2。

平均随机一致性指标　　表5-2

N	1	2	3	4	5	6	7	8	9
RI	0.00	0.00	0.58	0.90	1.12	1.24	1.32	1.41	1.45

当 $CR < 0.10$ 时，即认为判断矩阵具有满意的一致性，说明权数分配合理；否则，需要调整判断矩阵，直至取得具有满意的一致性。

3. *层次分析法的优劣性分析*

从层次分析法的原理、步骤、应用等方面的讨论不难看出，其显著优点在于：

（1）系统性

层次分析把研究对象作为一个系统，按照目标分解、比较判断、综合思维方式进行决策，成为继机理分析、统计分析之后发展起来的系统分析的一种重要工具。层次分析法分析解决问题，是把问题看成一个系统，在研究系统各个组成部分相互关系及系统所处环境的基础上进行决策。相当多的系统在结构上具有递进层次的形式。对于复杂的决策问题，最有效的思维方式就是系统方式。层次分析法恰恰反映了这类系统的决策特点。它把待决策的问题分解成若干层次，最上层是决策系统的总目标，根据对系统总目标影响因素的支配关系的分析，建立准则层和子准则层，然后通过两两比较判断，计算出每个方案相对于决策系统的总目标的排序权值，整个过程体现出分解、判断、综合的系统思维方式，也充分体现了辩证的系统思维原则。

（2）实用性

在有限目标的决策中，大量需要决策的问题既有定性因素，又有定量因素。因此，要求决策过程把定性分析与定量分析有机地结合起来，避免两者脱节。层次分析法正是一种把定性分析与定量分析有机结合起来的较好的科学决策方法。它通过两两比较标度值的方法，把人们依靠主观经验来判断的定性问题定量化，既有效地吸收了定性分析的结果，又发挥了定量分析的优势；既包含了主观的逻辑判断和分析，又依靠客观的精确计算和推演，从而使决策过程具有很强的条理性和科学性，能处理许多传统的最优化技术无法着手的实际问题，应用范围比较广泛。

（3）简洁性

具有中等文化程度的人既可了解层次分析的基本原理并掌握它的基本步骤，计算也非常简便，所得结果简单明确，容易为决策者了解和掌握。

但是，层次分析法也存在较为粗略，易受主观因素影响的局限性。具体而言：首先，它只能从原有方案中选优，不能生成新方案；其次，它的比较、判断直到结果都是粗糙的，不适于精度要求很高的问题;第三,从建立层次结构模型到给出成对比较矩阵,人的主观因素的作用很大,这就使得决策结果可能难以为众人所接受。当然,采取专家群体判断的办法是克服这个缺点的一种有效途径。

第三节　绿色生态航道治理工程的评价模型

常用的综合评价方法存在对因子间的重要性程度上反映较差、灵敏度不高的问题。模糊综合评价方法主要提高了对指标的灵敏度,评价结果更加客观、准确。指标的权重确定在模糊综合评价中占有重要地位,评价指标的权重确定应采用专家估测法和层次分析法相结合的方法。模糊综合评价模型包括一级多因素模糊综合评价模型和多层次模糊综合评价模型这两种模型。下面分别进行介绍。

一、一级多因素模糊综合评价模型

(1)建立因素集 $\boldsymbol{U}$

根据前述岸坡绿色生态治理评价指标体系的研究成果,岸坡绿色生态治理的因素集可以设定为 $\boldsymbol{U}=\{u_1,u_2,u_3,\cdots,u_m\}$,其中 u_i 为准则层各因素。本项目中 $U=\{$岸坡稳定,生态型护岸,绿色植被,景观水质,生态施工,管理$\}$。

(2)设立评语集 $\boldsymbol{V}$

设评语集为 $\boldsymbol{V}=\{v_1,v_2,v_3,\cdots,v_n\}$,其中 v_i 为各因素对应的评价结果。n 值一般为 4 ~ 9,本次评价集 $n=5$,即 $\boldsymbol{V}=\{$很差,较差,一般,较好,很好$\}$。

(3)确定权重集 $\boldsymbol{A}$

权重集 $\boldsymbol{A}=\{a_1,a_2,a_3,\cdots,a_m\}$,反映各因素的重要程度,其中 $\sum_1^m a_j=1$。可采用层次分析法确定。

(4)建立模糊评价变换矩阵

通过对每一个因素的判断,给出每个因素的评语等级,建立评价因素与评语等级之间的关系,即从 $\boldsymbol{U}$ 到 $\boldsymbol{V}$ 的模糊关系,这可用模糊评价变换矩阵 $\boldsymbol{R}$ 进行描述。

分别对 m 个因素进行单因素评价,可得到一个总的评价矩阵 $\boldsymbol{R}$:

$$\boldsymbol{R}=\begin{bmatrix} r_{11} & r_{12} & \cdots & r_{1n} \\ r_{21} & r_{22} & \cdots & r_{2n} \\ \vdots & \vdots & & \vdots \\ r_{m1} & r_{m2} & \cdots & r_{mn} \end{bmatrix} \tag{5-10}$$

(5)建立一级多因素模糊综合评价模型

在得到模糊向量 $\boldsymbol{A}$ 和模糊关系矩阵 $\boldsymbol{R}$ 后,作如下模糊变换进行综合评价:

$$\boldsymbol{B}=\boldsymbol{AR}=(b_1,b_2,\cdots,b_n) \tag{5-11}$$

$$b_j=\sum_{i=1}^m a_i r_{ij} \quad (j=1,2,\cdots,n) \tag{5-12}$$

即采用普通矩阵乘法的模糊运算,得到的 $\boldsymbol{B}$ 称为评价集 $\boldsymbol{V}$ 上的模糊综合评价集,又称决策集,$b_j(j=1,2,\cdots,n)$ 称为模糊综合评价指标。

二、多层次模糊综合评价模型

在构建岸坡绿色生态治理的综合评价指标体系的基础上，可采用多层次模糊综合评价方法建立岸坡绿色生态治理项目层次模糊综合评价模型，并采用层次分析法与德尔菲法相结合的方法，确定各级指标分布及权重。评价方法及模型将应用于示范工程。

1. 建立评价模型

根据绿色生态岸坡治理方案评价指标体系的构成，分别将因素集 $\boldsymbol{U}$ 中的各因素 u_i 进行进一步划分，设 $u_i=\{u_{i1},u_{i2},\cdots,u_{ik}\}$，$i=(1,2,\cdots,5)$。

对于每一个 u_i 进行因素评价得出模糊关系矩阵 $\boldsymbol{R}_i$，给出 u_i 中各因素的权重 $A_i=(a_{i1},a_{i2},\cdots,a_{ik})$，$i=(1,2,\cdots,5)$，从而得到 u_i 的综合评价 $B_i=A_iR_i=(b_{i1},b_{i2},\cdots,b_{ik})$。

最后将 u_i 视为一个单独元素，用 B_i 作为 u_i 的单因素评价，由此得出因素集 $\{u_1,u_2,\cdots,u_5\}$ 的模糊关系矩阵为：

$$\boldsymbol{R}=[B_1,B_2,B_3,\cdots,B_5]^{\mathrm{T}} \tag{5-13}$$

根据准则层中每一 u_i 在 $\boldsymbol{U}$ 中所起的重要作用，给出模糊权重 $A=(a_1,a_2,\cdots,a_5)$，于是得出二级模糊综合评价模型：

$$\boldsymbol{A}\times\boldsymbol{R}=(b_{i1},b_{i2},b_{i3},\cdots,b_{im})=\boldsymbol{B} \tag{5-14}$$

以此类推，可得到三级或者更高级别的模糊评价模型。

由于绿色生态岸坡治理项目评价指标较多，评价指标体系分为若干层次，因此需建立“多层次模糊综合评价模型”。

2. 评价基本步骤

应用多层次模糊综合评价方法进行绿色生态岸坡治理方案评价的基本步骤为：

①建立多层次模糊综合评价模型（如前所述）。

②采用层次分析法确定各指标的权重。指标权重反映各个指标的重要程度，先建立递阶层次结构，将评价指标层次化，再构造两两比较判断矩阵，对同一层次指标进行两两比较，然后计算各指标的相对权重，进行归一化处理并通过一致性检验后，即可得各级评价指标的权重 A。

③进行单因素模糊评价。即从一个指标（$\boldsymbol{U}$）出发进行评判，确定被评价的项目或方案对评价集各元素的隶属程度。对于定性分析指标，采用模糊统计方法或逐级估量法确定其对评价集的隶属关系。模糊统计是请参与评价的各位专家（假设 f 个专家），按划定的 5 个评价等级（很好、较好、一般、较差、很差），给各评价指标确定等级。

对于可定量的指标，根据其具体性质确定指标的模糊分布函数，再根据实际指标值，对应指标隶属关系图，即可得出相应的隶属度，由此得出各定量指标的单因素评价矩阵 $\boldsymbol{R}$。

④进行多层次模糊综合评价。利用综合评价数学模型可求出各方案的评价值，选择其中评价值最大的方案即为最优方案。如果针对某一建设项目进行“有项目”与“无项目”的比较，那么，“有项目”方案的评价值有必须大于“无项目”方案的评价值无，同时满足评价集合中的“较好”水平以上。否则，就应进一步分析“有项目”方案评价值偏低的原因，或者能否通过采取措施（修改项目方案或采取政策倾斜等办法）使项目获得通过。

第四节 绿色生态航道治理工程方案的综合评价计算

一、指标权重的确定

采用层次分析法与德尔菲法相结合的方法，确定各级指标分布及权重。评价体系各级指标见表5-3。

岸坡绿色生态治理综合评价体系各级指标分布表 表5-3

目标层(A)	准则层(u_i)	指标层(u_j)
岸坡绿色生态治理综合评价	岸坡稳定指标(u_1)	岸坡工程稳定性(u_{11})
		坡面侵蚀控制(u_{12})
	生态型护岸指标(u_2)	护岸材料生态性(u_{21})
		护岸结构透水性(u_{22})
		沿岸流速多变性(u_{23})
		护岸结构亲水性(u_{24})
		方案经济合理性(u_{25})
	绿色植被指标(u_3)	岸坡植被覆盖率(u_{31})
		植被空间配置合理性(u_{32})
		本土植被种植情况(u_{33})
		植被养护难易程度(u_{34})
	景观水质指标(u_4)	景观美观性(u_{41})
		景观协调性(u_{42})
		航道水质等级(u_{43})
	生态施工指标(u_5)	施工速度(u_{51})
		施工对环境的影响(u_{52})
		施工质量控制难易程度(u_{53})
		维护施工难易程度(u_{54})
	管理指标(u_6)	管理组织(u_{61})
		管理措施(u_{62})

根据前面介绍的方法步骤，计算各层级指标权重如下。

(1)***A-U*** 判断矩阵

见表5-4。

A-U 判断矩阵 表5-4

A	u_1	u_2	u_3	u_4	u_5	u_6	W	层次分析
u_1	1	3	3	7	7	9	0.4152	$\lambda_{max}=6.5460$

续上表

A	u_1	u_2	u_3	u_4	u_5	u_6	W	层次分析
u_2	1/3	1	2	5	7	8	0.245 1	CI = 0.109 2
u_3	1/3	1/2	1	4	5	8	0.179 7	RI = 1.240 0
u_4	1/7	1/5	1/4	1	4	6	0.090 1	CR = 0.088 1 < 0.10
u_5	1/7	1/7	1/5	1/4	1	4	0.044 9	
u_6	1/9	1/8	1/8	1/6	1/4	1	0.025 0	

(2) $\boldsymbol{U}_1$-$\boldsymbol{U}_{1i}$判断矩阵

见表5-5。

U_1-U_{1i} 判断矩阵 表5-5

u_1	u_{11}	u_{12}	W	层次分析
u_{11}	1	5	0.833 3	λ_{max} = 2.000 0
u_{12}	1/5	1	0.166 7	CI = 0
				RI = 0
				CR = 0 < 0.10

(3) $\boldsymbol{U}_2$-$\boldsymbol{U}_{2i}$判断矩阵

见表5-6。

U_2-U_{2i} 判断矩阵 表5-6

u_2	u_{21}	u_{22}	u_{23}	u_{24}	u_{25}	W	层次分析
u_{21}	1	1/3	5	4	3	0.275 6	λ_{max} = 5.346 5
u_{22}	3	1	7	5	3	0.401 0	CI = 0.086 6
u_{23}	1/5	1/7	1	1/3	1/5	0.042 6	RI = 1.12
u_{24}	1/4	1/5	3	1	1/3	0.090 4	CR = 0.077 3 < 0.10
u_{25}	1/3	1/3	5	3	1	0.190 4	

(4) $\boldsymbol{U}_3$-$\boldsymbol{U}_{3i}$判断矩阵

见表5-7。

U_3-U_{3i} 判断矩阵 表5-7

u_3	u_{31}	u_{32}	u_{33}	u_{34}	W	层次分析
u_{31}	1	3	5	7	0.540 1	λ_{max} = 4.247 0
u_{32}	1/3	1	3	7	0.274 6	CI = 0.082 3
u_{33}	1/5	1/3	1	5	0.138 1	RI = 0.90
u_{34}	1/7	1/7	1/5	1	0.047 2	CR = 0.091 5 < 0.10

(5) U_4-U_{4i} 判断矩阵

见表5-8。

U_4-U_{4i} 判断矩阵　　表5-8

u_4	u_{41}	u_{42}	u_{43}	W	层次分析
u_{41}	1	2	5	0.555 9	$\lambda_{max}=3.053\ 9$
u_{42}	1/2	1	5	0.353 7	CI = 0.027 0
u_{43}	1/5	1/5	1	0.090 4	RI = 0.58
					CR = 0.046 5 < 0.10

(6) U_5-U_{5i} 判断矩阵

见表5-9。

U_5-U_{5i} 判断矩阵　　表5-9

u_5	u_{51}	u_{52}	u_{53}	u_{54}	W	层次分析
u_{51}	1	3	1/4	1/3	0.146 1	$\lambda_{max}=4.254\ 8$
u_{52}	1/3	1	1/3	1/5	0.085 0	CI = 0.084 9
u_{53}	4	3	1	2	0.444 0	RI = 0.90
u_{54}	3	5	1/2	1	0.324 9	CR = 0.094 4 < 0.10

(7) U_6-U_{6i} 判断矩阵

见表5-10。

U_6-U_{6i} 判断矩阵　　表5-10

u_6	u_{61}	u_{62}	W	层次分析
u_{61}	1	1/3	0.250 0	$\lambda_{max}=2.000\ 0$
u_{62}	3	1	0.750 0	CI = 0
				RI = 0
				CR = 0 < 0.10

通过 **A-U** 矩阵换算得到权重数如下。

u_i对 **U** 的权重为：

$$A=[0.415\ 2\quad 0.245\ 1\quad 0.179\ 7\quad 0.090\ 1\quad 0.044\ 9\quad 0.025\ 0]$$

u_j对 u_i的权重分别为：

$$A_1=[0.833\ 3\quad 0.1667]$$

$$A_2=[0.275\ 6\quad 0.401\ 0\quad 0.042\ 6\quad 0.090\ 4\quad 0.190\ 4]$$

$$A_3=[0.540\ 1\quad 0.274\ 6\quad 0.138\ 1\quad 0.047\ 2]$$

$$A_4=[0.555\ 9\quad 0.353\ 7\quad 0.090\ 4]$$

$$A_5=[0.146\ 1\quad 0.085\ 0\quad 0.444\ 0\quad 0.324\ 9]$$

$$A_6=[0.250\ 0\quad 0.750\ 0]$$

二、建立模糊评价矩阵

采用德尔菲法统计出 u_j层上的每个指标对评语集 **V** 上每个等级的隶属度，根据统计结果给出隶属度，即可对绿色生态岸坡治理项目进行多层次模糊综合评价。

本评价模型将在示范工程中予以实际应用。

第六章　生态航道护岸的示范工程应用

第一节　示范工程概况

一、概述

右江作为西南水运出海通道的南通道，已被国家列入“十五”综合交通重点发展专项规划，是国家内河航运规划建设“两横两纵两网”的组成部分。通过建设那吉、鱼梁、金鸡滩、老口等枢纽船闸，将使右江全线渠化，形成西南水运出海通道百色—广州千吨级黄金水道。

百色水利枢纽是郁江综合开发治理的龙头工程，其功能定位是以防洪、发电为主，水库防洪库容大，属不完全多年调节水库，其水电站作为系统调峰电站，在系统处于用电高峰时发电调峰，当系统处于用电低谷时停机蓄水，坝下断流。作为百色水利枢纽的反调节水库，那吉航运枢纽的建设不仅保证了右江通航，也满足了下游环境用水和工农业生产用水的需要。通过那吉航运枢纽与百色水利枢纽两梯级联合调节运行，可使右江枯水流量增加 $88m^3/s$，下游的鱼梁、金鸡滩、老口枢纽建成后，右江可连续渠化达到Ⅲ级航道标准，可常年通航 1 000t 级船舶。

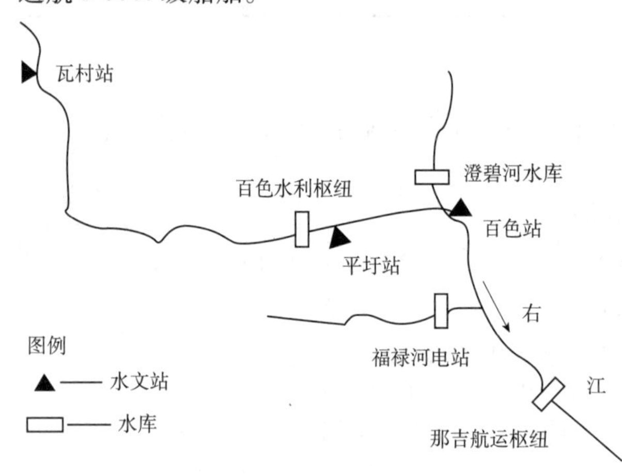

图 6-1　那吉航运库区流域示意图

广西右江那吉航运枢纽工程位于百色盆地田阳县那吉村旁的右江上，为郁江干流综合利用规划 10 个梯级中的第 4 梯级，坝址上游距百色市约 41. 4km，距离百色水利枢纽 61. 8km，距离东笋梯级 55. 6km，下游距田阳县城 22. 5km，距那坡镇 5 ~ 6km，距离鱼梁枢纽 78. 1km。

那吉航运枢纽工程是以航运为主，兼有发电、电灌、养殖、旅游等综合效益项目，主要建设内容为航运枢纽工程、库区航道整治工程、枢纽对外交通工程和送出工程，渠化航道 56km，整治航道总里程 372km。工程采用左岸闸坝、右岸电站、右岸船闸枢纽布置方案，自左至右依次是 10 孔泄流闸坝、电站厂房、船闸。那吉航运枢纽总库容为 1. 83 亿 m^3，电站装机容量 66MW。如图 6-1 所示。

二、自然地理

1. 地形地貌

库区位于“广西山字形”与“云南山字形”构造之间的百色盆地和田阳盆地内，两盆地均为断陷盆地。其主要构造为右江断裂带，右江断裂是桂西北地区北西向活动性断裂，距坝址78km。据现有资料分析，该断裂只切至上古生代地层，其切割深度在10～15km之内，尚不属于深层断裂。该断层为先张后扭的高角度逆冲断裂，总体走向为北西310°，倾北东或南西，倾角约80°，沿右江河谷发育，构造地貌极为醒目。

百色盆地呈北西—南东长条状展布，形成于中生代末、新生代初，为断陷盆地，是右江断裂带活动产物。右江断裂带的主干断裂——右江断裂，在库坝区右江左侧7～8km处通过；右江断裂带的另一断裂——八桂断裂，由北西延伸至百色后，即逐渐消失，在工程区内未曾见到有明显的断层迹象。盆地沉积为第三系的一套含煤泥沙系地层，上覆第四系的黏、壤土和砂卵砾石。第三系为湖相和滨湖相夹河流相，第四系为河流相。基底为三叠系的一套具复理式特殊的碎屑岩，周边为二迭系、石炭系的碳酸盐岩和碎屑岩等。盆地在四塘处有一条北隆起带，它又将盆地分割成白色凹陷和田阳凹陷的次级构造。

库区坐落于田阳和百色盆地内，属低山丘陵地形，地势大致是西高东低。两岸由右江侵蚀堆积形成的一、二级阶地发育，宽一般为200～500m，最宽达2～3km。台面地形平坦，为耕耘农田，并有较密集居民点分布。在构造上，库区位于百色盆地西北段的西南缘。库区河槽宽一般为200～300m，最宽达500m。左岸地形起伏小，为平原矮丘，右岸地形起伏相对较大，为丘陵低山，河谷开阔，支沟、支流较发育。一级阶地台面高程百色凹陷段为120～127m、四塘隆起段为117～124m、田阳凹陷段位116～118m，二级与一级相对高差约7m。阶地具二元结构，上部为黏土、壤土，厚9～15km；下部为砂卵砾石，厚5～15m。下伏基岩为第三系，主要为砂、泥岩，其中那读组含有三层可供开采的褐煤，平均厚度为1.03m、1.55m和1.65m，分布于水库中段，即四塘隆起段。

2. 气候概况

那吉水库库区地处低纬度，靠近北回归线，属南亚热带季风气候。气候总的特点是：雨热同季、热量丰富、夏长冬短、夏热冬暖、天气炎热、暑热过半、无霜期长、光热充足、四季常青、雨量偏少、蒸发量大于降雨量。

根据百色气象站资料统计，多年平均气温22.1℃，最高月平均气温和最低月平均气温分别多出现在5～8月和12月～次年2月。实测极端高气温为42.5℃，极端低气温为-0.9℃。右江流域内蒸发量以7月为最大，1月为最小，多年平均蒸发量为1 634mm。多年平均降水量为1 098.8mm，降水主要集中在5～9月，在这一期间的降水量占全年总降水量的82%～88%。雨季开始时期正是气温迅速升高的月份，雨季结束时间正是气温明显下降阶段。雨热同季对植被生长极为有利。

三、水文泥沙特征

1. 水库特征水位及库容

(1)正常蓄水位

那吉航运枢纽水库正常蓄水位115.0m，相应库容1.03亿m^3。

(2)死水位

那吉航运枢纽水库为日调节水库,根据那吉航运枢纽水电站在电网中的作用,以及那吉航运枢纽航运水位衔接要求情况,水库消落深度按 0.6m 考虑,正常发电死水位为 114.4m,调节库容为 900 万 m^3,在满足通航流量 $140m^3/s$ 下可以承担电力系统 1~2h 的调峰任务。根据那吉航运枢纽水库的运行方式,当水库入库流量为 3 $540m^3/s$ 时,电站最小发电水头为 2.90m,此时发电极限死水位为 110.5m。

(3)通航水位

最高通航水位:采用 10 年一遇标准,上游最高通航水位 115.0m,下游最高通航水位 109.71m。

最低通航水位:根据那吉航运枢纽水库的运行方式,上游水库最低通航水位 109.4m;按保证率 95% 的通航流量($140m^3/s$)确定下游船闸出口航道最低通航水位为 100.87m。

(4)设计、校核洪水位

那吉水库正常蓄水位 115.0m,根据《水利水电工程等级划分及洪水标准》(SL 252—2000),那吉航运枢纽为Ⅲ等工程,拦河坝、水电站厂房及船闸闸首、闸室等主要建筑物为Ⅲ级建筑物,设计洪水标准为 50 年一遇,校核洪水标准为 500 年一遇。那吉水库调节性能差,当流量大于 3 $540m^3/s$ 时,闸门全开泄洪,根据水库设计的蓄洪规则和溢流坝设计泄流能力进行计算,那吉航运枢纽设计洪水位 110.75m,校核洪水位 118.53m,总库容为 1.83 亿 m^3。

2. 泥沙

右江流域植被覆盖较好,水土流失不严重,属少沙河流。根据实测资料统计,天然情况下,下颜站多年平均含沙量为 0.388kg/m^3,多年平均输沙率为 178.0kg/s,多年平均输沙量为 562 万 t;南宁(三)站多年平均含沙量为 0.227kg/m^3,多年平均输沙率为 286.0kg/s,多年平均输沙量为 904 万 t。右江航道基本稳定,冲淤变化不大。百色水库、那吉水库建成后,上游来沙基本拦截于库内,右江来沙量主要为区间支流及地表径流带来,含沙量较天然情况小。

四、航运资源概况

根据右江航运建设实施方案和远景设想,在百色、那吉、鱼梁、金鸡滩等枢纽建设后可渠化右江全线河道,右江航道达到Ⅲ级标准。那吉航运枢纽航运任务是渠化右江百色市至那吉航道,以满足右江航道达到Ⅲ级标准要求。

那吉航运枢纽通航建筑物采用Ⅲ级船闸,通航标准为通航两列 2×1 000t 级顶推驳船队。船闸有效尺度为:闸室有效长度×有效宽度×门槛最小水深=190m×12m×3.5m。船闸单向年过闸船舶总载重吨位为 1 333 万 t,船闸日平均开闸次数 25 次,年通航天数 350 天。

根据“西江水运主通道通航枢纽建设关键技术研究”项目规划,右江发展船型规划方案为:2005 年推荐发展 200t 级机动驳、16TEU 集装箱船;2010 年航道达到四级标准,推荐发展 500t 级机动驳、24TEU 集装箱船、300t 级散装水泥专用船、2×500t 级顶推船队;2020 年以后航道达到三级标准,推荐发展 2×1 000t 级机动驳、48TEU 集装箱船、500t 级散装水泥专用船、2×1 000t 级顶推船队。

目前,除那吉航运枢纽上下游附近岸坡进行了人工防护措施外,上游库区航道岸坡大部分处于天然状态。随着右江航道条件逐步改善和提高,船舶密度及船舶大型化也不断发展,

大吨位、大船舶流量所产生的较大船行波以及水库运行方式带来的水位消落，不可避免地对库区航道岸坡稳定产生了不利影响，上游库区航道常水位附近岸坡土壤不断被淘刷剥离，多处岸坡出现了崩塌，如图6-2所示。

图6-2　那吉库区航道部分岸段崩岸现状(2012年2月)

五、环境质量概况

1. 水环境

那吉库区人们临水而居，依水而存，百色市区和田阳县集中式生活饮用水均为水库水，水与人们的生活息息相关。随着近年来工业化、城市化进程的加快，各级河道的生态环境日益恶化，特别是百色至那吉河段工业和生活污水的排放，导致下游局部断面水质超标率较高，排污口至下游一部分河段水质生化需氧量(BOD5)不符合标准。

工业和生活污水的正常排放，对百色至那吉河段有小范围的影响，排污口至下游纵长820m，横向宽25m的河段生化需氧量(BOD5)不符合《地表水环境质量标准》Ⅲ类标准的要求。下游820m至远处BOD5达到Ⅲ类标准的要求。百色城区和田阳县库区内的乡镇，生活污水排放量1 938万t，P的浓度为18mg/L，那吉库区在正常蓄水位时，库区处于贫营养状态。居民生活饮用水均为水库水，取水点分别为澄碧河水库和那音水库，但是那音水库回水区不到澄碧河水库，所以库区和下泄水质的变化对百色和田阳县取水水质不造成影响。

2. 水域和陆域生态环境

1)水生生态环境

水生生态状况包括对饵料生物，鱼类及产卵地三个部分。

(1)饵料生物

①浮游植物。有8门63属，以绿藻门和硅藻门种居多，分别占总数的38.9%和33.33%。蓝藻门9种，占14.29%，其余裸藻门、甲藻门各为3种，黄藻门、金藻门和红藻门各1种，合占总数14.29%。那吉江段田阳、百色、田东的单位水体密度在34.8万~114.3万个/升，平均重量为1.145 5mg/L。其中以硅藻分布最广，数量也最大，单位水体密度占64.72%，重量占81.82%。在硅藻类中出现频率次较高的有：直链藻、脆杆藻、舟形藻、卵形藻、桥穹藻、双菱藻、异端藻、针杆藻、弯杆藻和小环藻，为本类优势群种；绿藻门种类繁多，在单位水体里的密度为20.21%，但重量仅为1.57%，其优势种群以鼓藻、水绵分布最广，其余甲藻门、裸藻门和蓝藻门在单位水体里的密度甚小，占5%~6%。

②浮游动物。右江那吉段浮游动物有:枝角类5科15种(属),占总数的32.6%;桡足类3科8种,占总数的17.39%;轮虫类占总数的38.26%;原生动物6科10种,占总数21.74%。在单位水体内,就个体数而言,原生动物居多,但重量却是轮虫类为重,占重量的90%左右。右江浮游动物单位水体里密度平均362.8个/L,重量为0.122 8mg/L。

浮游动物的优势种群为:枝角类中的网纹蚤、尖额蚤和象鼻蚤;桡足类以剑水蚤幼体、温剑水蚤和镖水蚤较为常见;轮虫类以龟甲轮虫、臂尾轮虫和须足轮虫居多;原生动物以砂壳虫占绝对优势,个体数达到或超过总数的50%以上。

③底栖动物。右江那吉段底栖动物有22种(属、科),其中环节动物2种,占总数的9.09%,软体动物7种,占31.83%;水生昆虫13种,占59.09%,在单位水体中底栖动物生物量平均密度为644.7g/m^3,总平均重量为21.8g/m^3,其中环节动物占57.03%和4.56%,水生昆虫占23.73%和2.2%,软体动物占19.23%和93.15%。从种类分布来看,优势种群为厦毛类的水绿蚓,尾鳃蚓和水生昆虫中的摇蚊以及瓣鳃类中的河蚬。

④水生维管束植物在右江百色至田东江段有眼子菜科的菹草、眼子菜、水鳖科的密齿苦草、蓼科的丛枝蓼。其中菹草较为常见。

(2)鱼类

右江流域共有鱼类90种,占总数的77.8%。在16科种中,鲤科鱼类为最大类群,有8种,占总数的72%;其次为鳅科5种,占6.2%,其他各科类种类很少。见表6-1。

右江流域鱼类区系组成 表6-1

目	鲼形目	鳗鲤目	鲤形目	鲇形目	合鳃鱼目	鲈形目
种类	1	1	70	6	4	8
比例(%)	1.1	1.1	77.8	6.7	4.4	8.8

右江那吉以上干支流鱼类由5个鱼类区系复合体组成:

①亚热带平原鱼类区系复合体,33种,占全部纯淡水鱼类的41.8%。

②江河平原类区系复合体,34种,占43%。

③中印山区鱼类区系复合体,5种,占6.3%。

④上第三纪鱼类区系复合体,6种,占7.6%

⑤北方平原鱼类区系复合体,1种,占1.3%。

(3)主要鱼类产卵地

据《广西内陆水域渔业资源调查报告产卵地调查》及本次的调查访问,右江干支流较大的鱼类产卵场有13处,库区至田阳县7处。在右江河道,那吉库区反复调查,没有发现受国家和自治区保护的水生生物。见表6-2。

那吉库区主要鱼类产卵场 表6-2

澄碧河汇口	青、草、鲢、鳙	七星滩	倒刺鲃、草、鲤
东笋	草鱼	福禄河口	青、草、鲢、鳙
三爷潭	唇鲮		

2)陆域生态环境

根据调查统计,那吉航运枢纽库区周边的耕地总面积为11 426.1hm^2,占土地总面积的

63.79%。其中右江区耕地 7 975.2hm^2，占库区周边耕地面积的 69.80%；田阳县 3 450.9hm^2，占 30.20%。右江强烈下切，形成岸高水低现象，不利灌溉，加之河谷区降水较少，顾耕地以旱地为多。水田面积占耕地总面积的 37.43%，旱地占 62.57%。园地总面积 3 022.8hm^2，占土地总面积的 16.87%。其中以芒果园的面积最大，为 2 082.4hm^2，占 68.89%；其次为荔枝园 691.1hm^2，占 22.86%；龙眼园 198.8hm^2，占 6.58%；其他园地如柑橘园、香蕉园、柿园、余甘子园和火龙果园面积均较小。库周区的工矿用地面积共 224.2hm^2，占土地总面积的 0.63%。

库周区县分布有陆生脊椎动物 165 种，属国家重点保护的动物有 17 种，均为国家二级保护动物，但存在的数量较少，且多为鸟类，共 14 种，这些鸟类夜间在森林里栖息，有的昼间到河边觅食。兽类 2 种，其中活动范围多在林地，较少出现在江边。

3. 主要植被种类及分布概况

那吉航运枢纽工程库周区的植被构成相当简单，且以农作植被和经济林占的比重最大，其主要的植被类型的分布、组成、结构等如下所述。

1）人工栽培植被

（1）马尾松林

马尾松林是库周区的森林植被中分布最广、面积最大的植被类型，多属 20 世纪 90 年代初人工种植的纯林。据右江区那毕乡江凤、福禄等地调查，林分密度为 2 500 ~ 2 900 株/hm^2，郁闭度 0.9 ~ 0.8，树高 4 ~ 5m，胸径 5 ~ 6cm。灌木层高 0.8 ~ 1.0m，覆盖度 20% 左右，以桃金娘为优势。藤本植物有海金莎和越南悬钩子等。草本层植物种类不多，高 0.4 ~ 0.5m，盖度达 45% 左右，以铁芒萁占绝对优势，其单种的盖度在 35% 以上。此外，常见的还有白茅、野古草、纤毛鸭嘴草、蔓生莠竹等。

（2）杉木林

杉木人工林在库周区的分布极少，只见于田阳县东红村附近，乡属零星栽培。林分密度为 1 600 ~ 2 100 株/hm^2，树高 5 ~ 7m，胸径 5 ~ 8cm，群落中混有少量的马尾松。林分郁闭度较高，达 0.9 ~ 0.8，林内光照不足，林下灌、草植物很少，常见的灌木有桃金娘、野牡丹、余甘子等，常见草本植物如铁芒萁、白茅，它们常为群落中草本层的优势种。

（3）窿缘桉林

窿缘桉人工林在库周区有零星种植，每块窿缘桉林的面积在 4 ~ 5hm^2，分布在村旁的林分，面积更小。窿缘桉在库区的生在表现一般，林分密度变化较大，为 750 ~ 1 660 株/hm^2，树高 12 ~ 15m，胸径 10 ~ 13cm。林下灌木、草本植物较少，灌木层以余甘子为主，盖度10% ~ 15%，高 0.5 ~ 0.8m；其他较常见的还有桃金娘、扁担杆、盐肤木、大沙叶、五色梅等。草本植物以铁芒萁和白茅为共生优势，盖度 35% ~55%，高 0.4 ~ 0.5m。其他种类还有黏人草、画眉草、鼠尾粟、一点红、飞机草等。

（4）台湾相思林

台湾相思林见于右江区六塘道班，面积不大，林分密度为 850 ~ 1 000 株/hm^2，林分高 15 ~ 14cm，胸径 14 ~ 20cm，林分郁闭度 0.8 ~ 0.7。群落中混生有几株窿缘桉、柠檬桉、苦楝等高大乔木，其树高和胸径与台湾相思相近，甚至耸立于群落林冠之上。灌木层盖度 15% ~20%，高 1 ~ 2m，以潺槁树、破布叶为主，局部地段以五色梅占优势；番石榴、雀梅、灰毛浆果楝、白饭树等亦有分布。草本层以莠草为多,盖度 50% ~60% ,高 15 ~25cm,局部地方以飞机草占优势,高 60 ~70cm。

(5)樟树林

樟树林只见于百色大华厂附近,面积不大,据了解,这片樟树林是1 975 年营造的。群落组成相当简单,乔木层只有樟树一种,高 8 ~ 12m,胸径 10 ~ 18cm,林分密度为 900 ~ 1 100 株/hm^2。灌木层一般高 1m 左右,覆盖度 30% ~45% ,植物种类不多,草本层一般高 1m 以下,盖度较大,为 45% ~60% ,以莠草占优势。目前,野生的樟树种群已很少,已被确定为 2 级重点野生保护植物。

(6)扁桃林

扁桃林是库周区零星分布于村庄周围或田头地角的植被类型,通常是三五株或十几株集群生长在一起,形成小群落。树冠浓绿,呈椭圆形或半圆形,颇为美观。树高 8 ~15m,最高者达到 22m 以上;胸径 10 ~80cm,最大直径达 1. 75m。例如在福禄村,11 株巨大的扁桃树(胸径在 1. 5m 以上)排成一列,十分壮观。在有的村庄,扁桃片林中常散生龙眼等果树。扁桃林下一般缺乏灌木层,零星分布有五色梅、苍耳、白饭树、潺槁树、土烟叶等。

(7)刺竹林

刺竹林多见于村庄和河岸边,呈带状或团装分布。据在那吉、田洞、江凤、福禄地的调查,每 200m^2 有竹秆 23 条,最多达 67 条,竹竿高 12 ~15m,秆粗 5 ~10cm,竹林覆盖度为 40% ~ 50% 。刺竹林喜欢温暖水湿地,生长迅速,常常是数丛相连,形成密不透风的竹墙,具有很好的防风作用,是护堤防风的良好竹种。

(8)撑蒿竹林

撑蒿竹林在库州区分布不多,通常只见于村庄或河岸边。据在田阳田洞村附近调查,100m^2 内计有竹林 10 ~11 丛,每丛有竹竿 9 ×9 株,一般高 6m,最高达 8m 左右,秆粗4 ~5cm。撑蒿竹材用途广泛,既可作建筑材料,又可劈蔑编织竹器,而且其竹根根系发达,秆劲直,叶茂密,是村庄护屋、河堤护岸的良竹,生态作用明显,宜重点发展。

(9)经济果木林和农作植被

芒果是库周区栽培面积最大的果树,面积为 2 082. 2hm^2,几乎随处可见。荔枝在库周区各地有较大规模的种植,分布普遍,荔枝的密度一般为 300 ~350 株/hm^2。龙眼也是当地传统果树之一,现在是大面积的连片果园,这些都是主要的大规模经济果木林,具有较好的经济效益。库周区还有一些农作植被,甘蔗是库周区种植面积最大的农作物,面积高达 7 057. 2hm^2。库周区各县城都有栽培,以右江区境内的种植面积最大。水稻为库周区栽培历史悠久,且最重要的农作物之一,面积为 4 276. 5hm^2。除此之外,库周区内还有多种多样的农作植被,如玉米、花生、黄豆、凤梨、芋、西红柿、瓜类、木薯、红茄等。

2)天然植被

(1)高山榕、扁桃林

本类型是库周区地带性的植被类型之一,现存面积十分有限,仅见于田阳县那坡镇田洞村。群落高 25m 以上,覆盖度 50% ~70% ,可分为乔木层、灌木层和草本层三个层次。乔木层物种组成简单,只有高山榕、扁桃和龙眼三种树种,400m^2 样地共有 19 株,其中高山榕1 株，扁桃 8 株、龙眼 10 株。灌木层一般高 1 ~ 2m，覆盖度 50% ~ 60%。物种较多，400m^2样地计有 35 种，以潺槁树和五色梅为共优势，还有一些藤本植物如龙须藤、老鼠耳、网脉酸疼子、威灵仙、玉叶金花等。草本层植物种类简单，一般高 1m 左右，盖度为 20% 左右，以假杜鹃占优势，其他较为重要的有飞机草、白茅、莠林、金发草、蜈蚣蕨、半边旗等。

(2) 黄荆灌丛

黄荆灌丛分布不多，见于石灰岩地区和右江河岸边。群落组成简单，覆盖度为 35% ~ 50%，高 1 ~ 2m，以黄荆占优势，常见的有番石榴、盐肤木、潺槁树、芮麻扁担杆、地桃花、红背山麻杆、大叶千斤拔等；草本层一般高 0.8 ~ 1.2m，覆盖度为 40% 左右，以飞机草占明显优势，在局部地方也有以金丝草为优势种。其他较常见的草本植物有白茅、飞蓬、蜈蚣蕨、类芦、金发草等。黄荆径皮纤维可为造纸及人造棉的原料，也是很多的绿肥和蜜源植物。黄荆对石山各种恶劣环境的适应能力很强，可作石山绿化的先锋植物。

(3) 五色梅灌丛

本类型主要分布于库区东端的石山上，群落高 1 ~ 1.5m，覆盖度 30% ~ 40%，组成相当简单，以五色梅占优势，黄荆在局部地段占优势，常见的种类有灰毛浆果楝、地桃花、铺地榕、大叶紫株等。草本覆盖度较大，达 60% ~ 70%，高 1m 左右，以飞机草和类芦为共生优势，较重要的还有金丝草、斑茅、野银胶菊、蜈蚣蕨等。

(4) 白茅、飞机草草丛

本类型在库州区分布较广，在田阳和百色河段都有分布，群落以白茅和飞机草为共生优势，盖度在 50% ~ 80%，高度为 1.0 ~ 1.6m。除优势种外，群落中常见有臭根子草、荩草、小飞蓬、牡蒿等。

第二节 示范工程生态护岸设计

一、典型示范点

1. 工程示范点布置概况

那吉航运枢纽是一个以航运、发电为主，兼顾防洪、灌溉、供水等其他综合功能利用的工程，那吉库区正常蓄水位 115.0m，死水位 114.4m，设计洪水标准 50 年一遇，洪峰流量为 3 750m^3/s，设计洪水位为 109.87m；校核洪水标准 500 年一遇，洪峰流量为 11 000m^3/s，校核洪水位为 118.53m，经计算，并考虑当地实际进行适当修正后，低水位取 114.2m，高水位 115.5m，水位长时间在这一范围内进行变动。晚塘河段位于那吉枢纽上游 20km 左右，在水位消涨引起的岸坡淘刷和风成浪、船行波导致的波浪淘刷的双重作用下，岸坡不断被水流淘刷冲蚀，从而导致部分岸线出现崩岸后退现象，水流条件较为恶劣，常水位以上坡面植被覆盖率较低，部分坡面冲刷严重。示范工程实施时，根据工程总体安排并经现场调研，在上述拟选范围内选取了两段作为示范工程，示范工程点一维修复方案，示范工程点二为新建示范工程护岸，位置图如图 6-3 所示，平面布置如图 6-4、图 6-5 所示。

图6-3 广西那吉库区航道生态护岸示范工程位置图

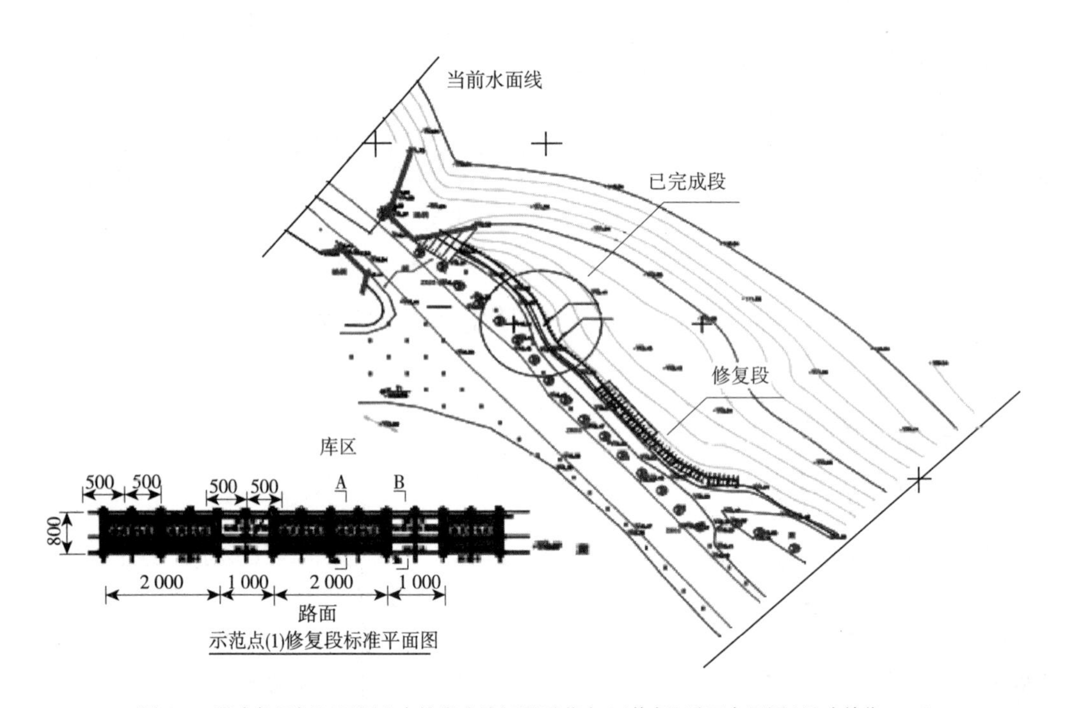

图6-4 那吉航运枢纽田阳生态护岸晚塘河段示范点1(修复)平面布置图(尺寸单位:mm)

2. 示范点生态护岸设计

针对那吉库区水文地形特征,取水位变动区域低水位114.2m~高水位115.5m,考虑生态护岸的防护和生态以及景观功能,依然将生态护岸横断面(图6-6)划分为护底区、重防护区、亲水景观区。

示范点一生态护岸设计(图6-7~图6-9):

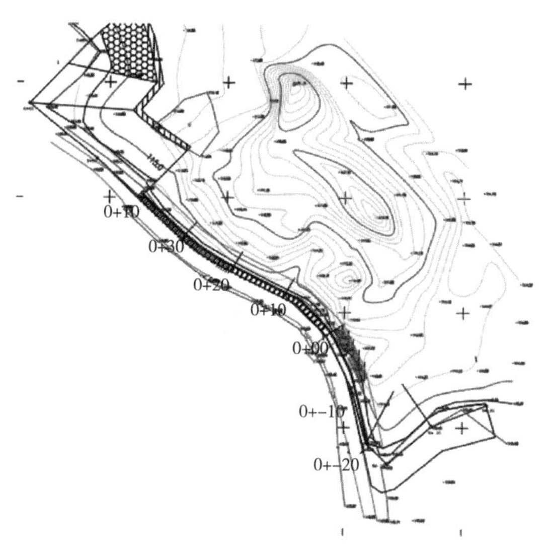

图 6-5 那吉航运枢纽田阳生态护岸晚塘河段示范点 2 平面布置图

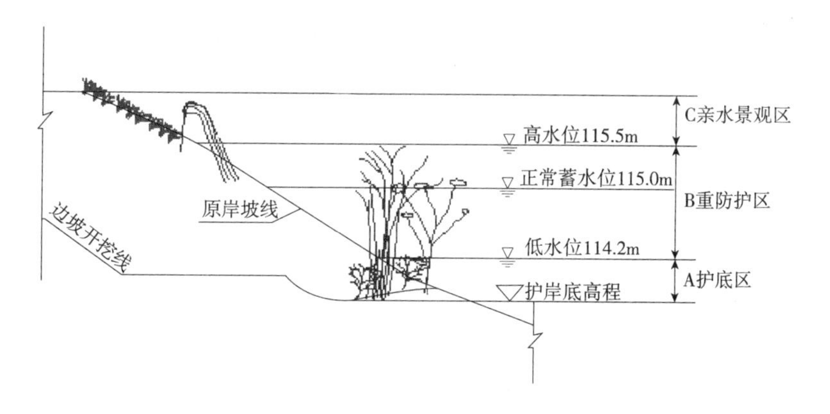

图 6-6 生态护岸断面防护段分区(以那吉库区上游航道为例)

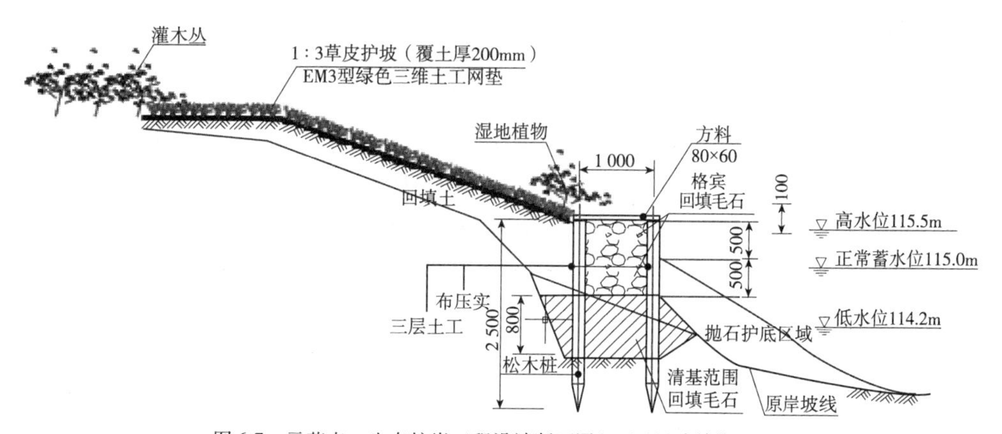

图 6-7 示范点一生态护岸工程设计断面图(一)(尺寸单位:mm)

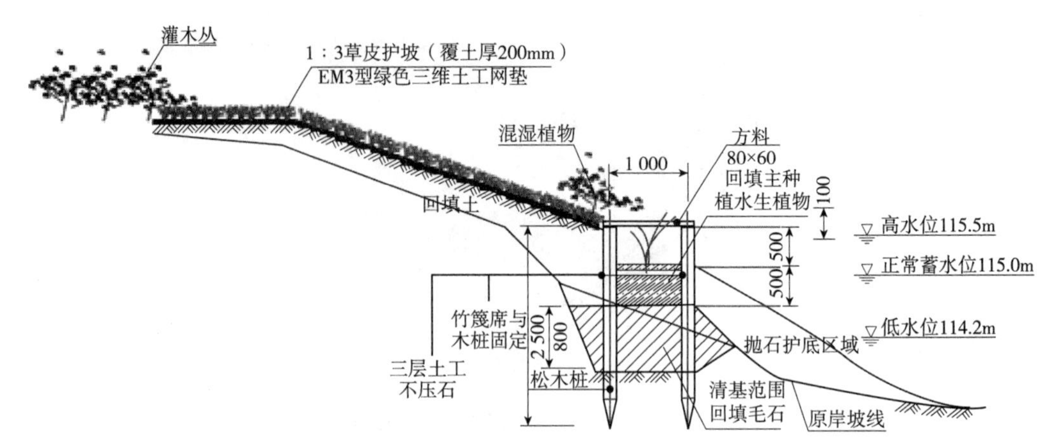

图6-8　示范点一生态护岸工程设计断面图(二)(尺寸单位:mm)

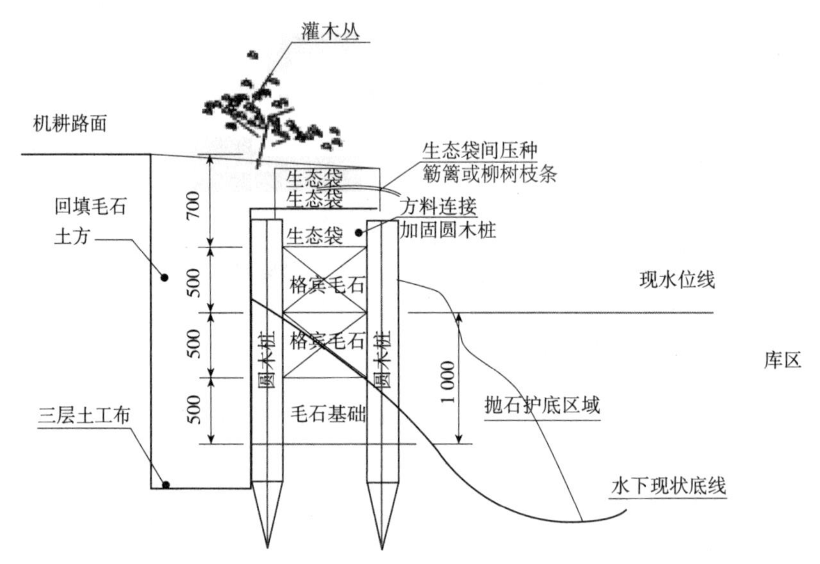

图6-9　示范点一生态护岸工程设计断面图(三)(尺寸单位:mm)

(1)护底区

库区低水位114.2m以下至设计洪水位109.87m为护底区,设计洪水位以下至河床也应重点关注,在主流顶冲的地方设计洪水位至河床也要采用护底措施。那吉库区晚塘段示范工程点一岸线崩塌,就是因为没有采用护底措施。为了防止河道受水流淘刷作用,因此在护岸底部与边坡交角处应做护底保护措施,选用抛石护底,并将低水位以下的软土地基清基采用毛石回填,给上部结构提供良好的基础,而且还能起到镇脚的作用,防止岸坡滑坡。抛石的生态性较好,没有破坏河道系统的生物多样性,抵御水流冲刷效果也较为理想。

(2)重防护区

重防护区范围为低水位114.2m~高水位115.5m,重防护区是船行波以及风乘浪频繁作用的区域,安全稳定性需要重点关注。重防护区在毛石回填的地基上采用格宾网回填毛石的结构,并用松木桩插入地基里固定格宾网填石结构。墙后布置土工布,起到反滤层的作用,保护墙后土体不流失。

(3)亲水景观区

高水位115.5m以上的区域为亲水景观区,亲水景观区是实现安全和生态的重要过渡带,亲水景观区斜坡采用三维土工网垫和植物护坡固土相结合的护岸结构,保证岸坡不受径流冲刷破坏。草本植物大大提高了护岸生态性和景观性,给河岸提供了靓丽的风景线。

示范点二工程区域直接连接机耕路面,土地资源没有示范工程点一丰富,所以示范点二的生态护岸设计应采用直立式护岸:护底区和示范点一的结构一样,置换毛石基础并采用抛石回填,重防护区也是格宾网回填毛石做挡墙结构,前后用松木桩插入地基起到固定作用,墙后布置土工布起到反滤层作用,亲水景观区采用的是生态袋挡土墙结构实现生态景观性。

二、典型河段

那吉库区示范工程分别在晚塘段和田阳段进行了不同的生态护坡实施方案,晚塘段是对原有工程进行修复,田阳段是新建的生态护坡工程。

1. 那吉库区晚塘段

那吉晚塘原有的示范工程防护范围小,所设木桩前方水域无护底防护工程措施,在水位消涨引起的岸坡淘刷和风成浪、船行波导致的波浪淘刷的双重作用下,木桩后方基土不断被水流淘刷冲蚀,从而导致部分岸线出现了崩岸后退现象,所种植的挺水植物也未能存活。另外,在养护期间,常年水位以上堤岸为斜坡,选种的灌木未能完全发挥固土防护作用,在降雨产生的坡面径流冲刷下裸露表土出现流失。因此,晚塘段亲水景观区应考虑植被与加筋材料结合的植被防护方式,并选择固土性能更佳的草本植被进行修复。

针对晚塘段的现状及破坏原因分析,拟在护底和重防护区采用工程措施进行防护;亲水景观区,斜坡以草本加固为主,平坡限制较少,可种植植被修复。具体来说,先在发生护岸崩坍处补充抛石,或采用雷诺垫等工程手段对护底区进行加固防护;在重防护区采用格宾分2层堆叠加固,挡墙墙后铺设聚酯长纤无纺布进行反滤;再用植被措施对亲水景观区进行修复,对此区段的岸坡植被进行完全清理,坡面填土至1:3的边坡,采用三维植物网加筋草皮护坡形式。草本植被选用耐淹性强且易于繁殖的狗芽根和高羊茅,按照狗芽根75%、高羊茅25%的比例进行混播,并在路肩地带种植黄荆或五色梅,详见图6-10。

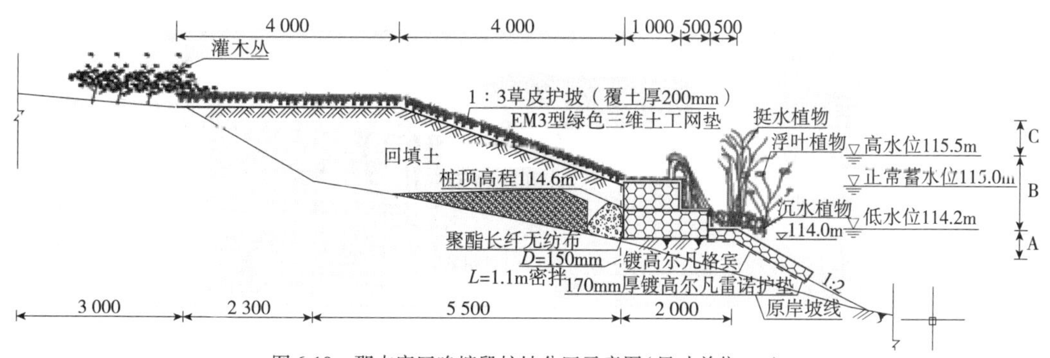

图6-10　那吉库区晚塘段护坡分区示意图(尺寸单位:cm)

2. 那吉库区田阳段

(1)方案一(桩号0+-10m~0+20m护岸)

采用加筋麦克垫草皮护坡+格宾与生态袋组合挡墙+抛石护底。

针对田阳段的水文地质特征和周边植被生长情况，护底区以工程措施为主；重防护区以工程措施为主，生物措施为辅；亲水景观区，斜坡草本加固，平坡种植草本、灌木等植被。具体来说，护底区采用抛石护底措施，植被拟选用适宜当地生长的沉水植物菹草，挺水植物朱蕉、千屈菜或芦竹（该植物根系需发达，易于生长），以及浮叶植物萍蓬草、芡实、荇菜、水鳖等；重防护区正常蓄水位以下采用格宾挡墙结构，主要种植挺水植物芦苇、朱蕉、千屈菜或芦竹，正常蓄水位以上采用生态袋挡墙结构，主要种植耐淹草本植物芦苇、狗牙根、香根草，顶层格宾及生态袋种植灌木类迎春花及垂柳；亲水景观区在1:2的斜坡段采用加筋麦克垫草皮护坡，上面种植根系发达、固土性能高的草本植被香根草、高羊茅、白茅，可进行混播，路肩地带种植灌木植物五色梅、黄荆，藤本植物龙须藤；上端堤顶为平坡段，上面种植木本植物枫杨、秋华柳，详见图6-11。

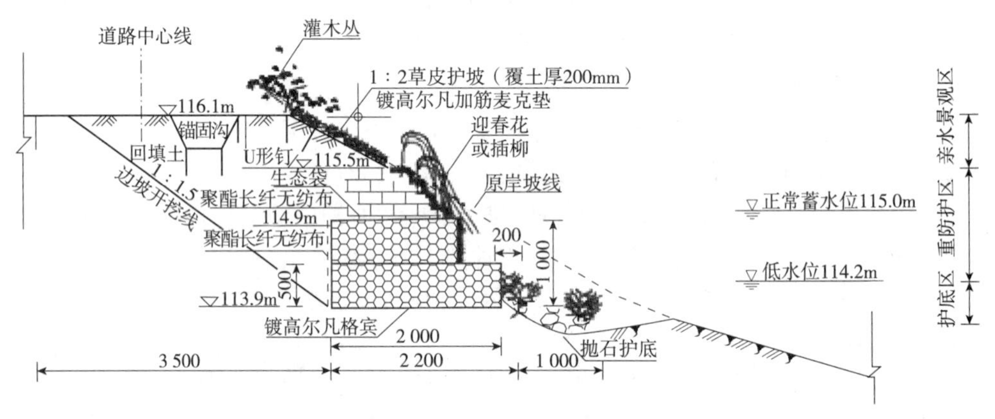

图6-11　那吉库区田阳段护坡分区示意图（方案一）（尺寸单位：cm）

（2）方案二（桩号0+20m～0+40m护岸）

采用加筋麦克垫草皮护坡+格宾与生态袋组合挡墙+抛石护底。如图6-12所示。

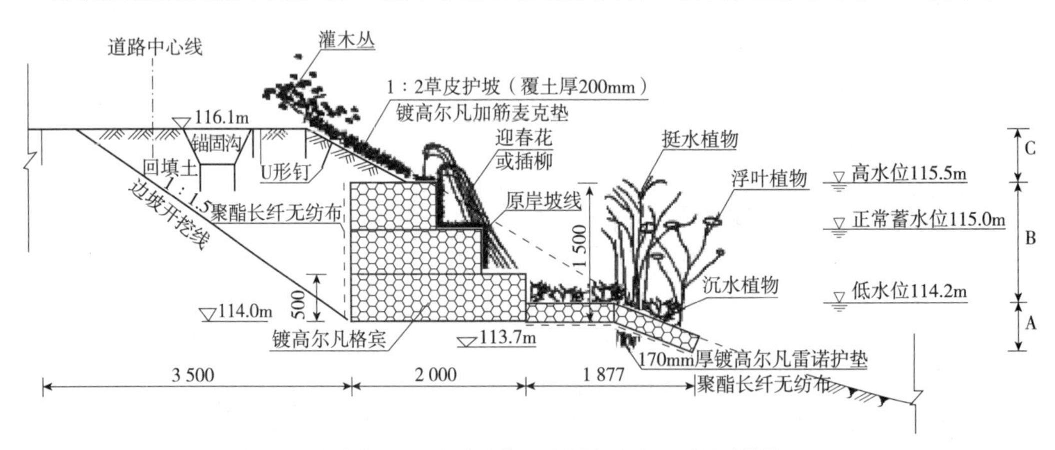

图6-12　那吉库区田阳段护坡分区示意图（方案二）（尺寸单位：cm）

示范工程第二部分（桩号0+ −45m～0+ −10m护岸和桩号0+40m～0+80m护岸）

A护底区和B重防护区均采用雷诺护垫结构形式，C亲水景观区采用加筋麦克垫草皮护坡。断面结构尺寸详见图6-13。

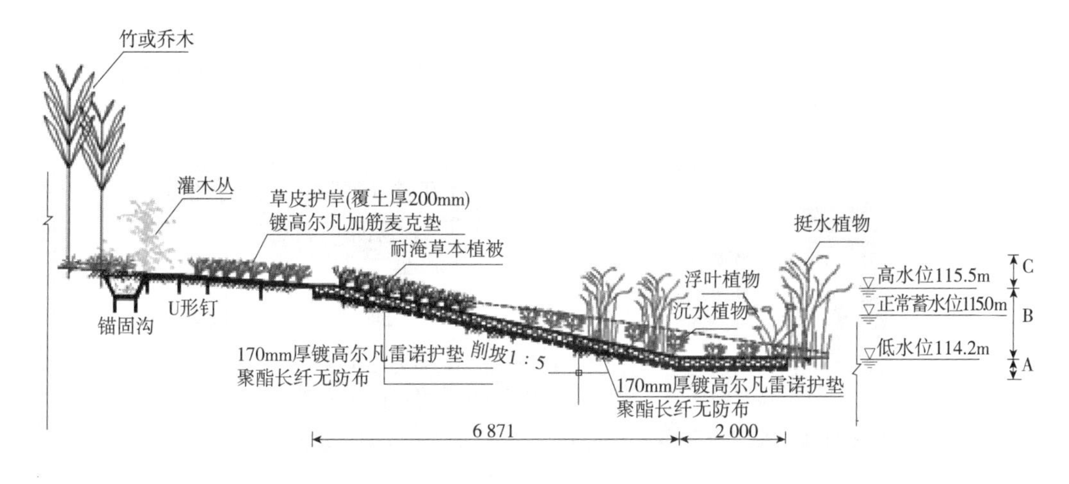

图6-13　那吉库区田阳段护坡分区示意图(第二部分)(尺寸单位:cm)

第三节　示范工程植被空间配置模式研究

植被护坡空间配置模式研究的主要内容包括:植物种植密度设计、植被的平面布局设计和植被的垂直结构设计。

一、植物种植密度设计

若河道护坡植物采用规则布置方式,植物的株行距视植物的大小不同而有所差异,考虑到河道两岸的立地条件较差,与公园和道路绿化相比,植物种植应适当密一些,以尽快发挥和增强植物的固土护坡能力。

一般而言,乔木株行距为2m×2m～4m×4m,灌木株行距为1m×1m～2m×2m。对于小型灌木,株行距应适当小一些;若河道采用近自然的空间配置模式,则参考当地河岸两边的植被种植密度进行设计,通常乔木种植密度应不低于600株/hm^2。灌木不低于1 800株/hm^2。对于立地条件较差的河道,种植密度还应增大一些。

有些灌木种类(如美丽胡枝子、马棘、紫穗槐等)也可以用种子撒播。种子用量,根据种子的大小而定,如美丽胡枝子种子用量为0.2～0.4g/m^2,马棘为0.3～0.4g/m^2,紫穗槐为0.3～0.45g/m^2。陆生草本植物通常用种子撒播,如狗牙根种子用量0.6～1.2g/m^2,黑麦草为2～2.5g/m^2,紫花苜蓿为2.5～4.5g/m^2。

水生植物的种植密度根据其植物个体大小和分蘖特征而定。根据分蘖特征,水生植物可以分为三类:第一类是不分蘖,如慈姑;第二类是一年只分蘖一次,如玉蝉花、黄菖蒲等鸢尾科植物;第三类是生长期内不断分蘖,如水葱等。不分蘖和一年只分蘖一次的植物种植密度应适当加大;生长期内不断分蘖的植物可略为稀疏种植。一般来说:香蒲20～25株/m^2,芦竹5～7芽/丛、6～9丛/m^2,慈姑10～16株/m^2,黄菖蒲2～3芽/丛、20～25丛/m^2,水葱15～20芽/丛、8～12丛/m^2,千屈菜16～25株/m^2,芦苇16～20株/m^2。

二、植被的平面布局模式

在植被空间配置中,尽可能仿照自然状态下的河岸植物情况,通过不同植物的合理配置、种植密度的稀疏,以及相互适应和竞争,实现植物群落的共生和健康稳定(图6-14)。但是,根据各地河道建设的实际情况,有时为了便于施工和设计,也可采取较规则的布置方式。对于有规则的布置方式,不同的乔木树种应采用株间混交(图6-15)或行间混交(图6-16),梅花状布置,灌木随机布置在乔木株间或行间,草本撒播于整个坡面。对于岸坡较短的河道,如坡长仅1~2m,应采用乔灌草结合、株间混交的布置方式。

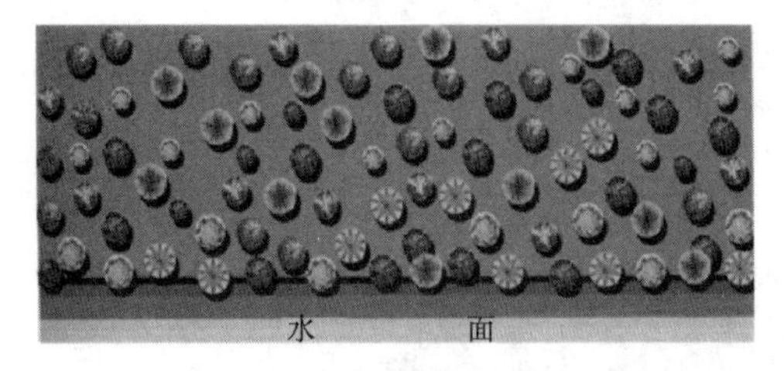

图6-14 河道护岸植物近自然布置示意图

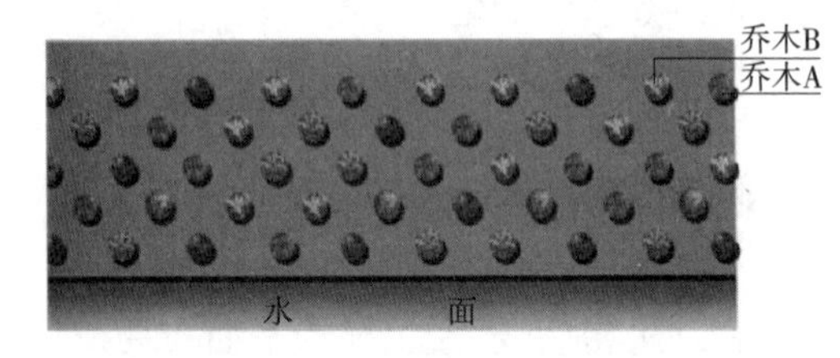

图6-15 河道护岸植物株间混交布置示意图

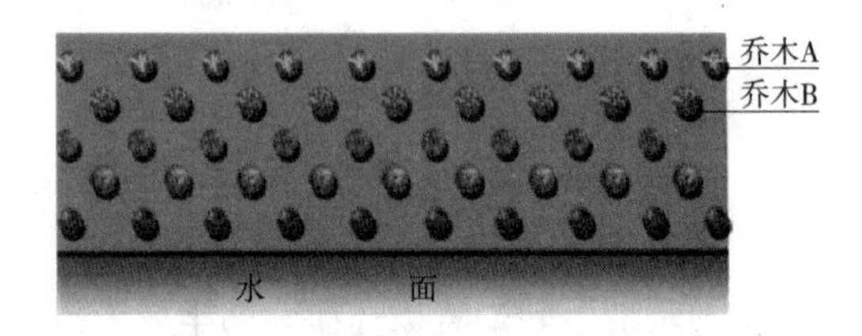

图6-16 河道护岸植物行间混交布置示意图

三、植被的垂直结构模式

根据生态护岸断面垂直防护的分区理论,将生态护岸横断面沿垂向分为护底区、重防护区和亲水景观区。结合那吉地区植物资源现状,对护岸植被沿断面的空间配置进行详细规划。

(1)A护底区

A区段完全处于淹没状态,为水生植物带,可种植沉水植物、挺水植物和浮叶植物,并根据植株的高度进行配置。沿常水位线由岸边向河内,挺水植物种类的高度应形成梯形,以形成良好的景观效果。挺水植物可采用块状或带状混交方式配置。

水生高等植物不仅是水生生态系统的重要初级生产者,而且是水环境的重要调节者,可为鱼类提供觅食产卵育肥栖息场所,为浮游动物提供避难所,有利于提高河流生态系统的生物多样性和稳定性。

种植在此区域的植物不仅要起到固岸护坡的作用,而且还应充分发挥植物的水质净化作用,宜选用具有良好净化水体作用的水生植物和耐水湿的中生植物,如水松、菖蒲、苦草等。另外,通航河段,为了减缓船行波对岸坡的淘刷,可以选用容易形成屏障的植物,如菰、芦苇等。而对于有景观需求的河段,可以栽种观叶、观花植物,如黄菖蒲、水葱、窄叶泽泻等。

那吉地区分布的水生维管束植物有菹草、马来眼子草、小眼子草、轮叶黑藻、密齿苦草、从枝蓼、苹等,其中菹草为优势种。

(2)B 重防护区

以常水位为界,将 B 区划分为两段:常水位以下至低水位,为长期淹没带,宜种植水生植物;常水位以上至高水位,宜种植耐淹性能较高的草本植物。

此区域的植物应有固岸护坡和美化堤岸的作用,宜选择根系发达、抗冲性强的植物种类,如枫杨、细叶水团花、荻、假俭草等。对于有行洪要求的河道,设计高水位以下应避免种植阻碍行洪的高大乔木。有挡墙的河岸,在挡墙附近区域不宜种植侧根粗壮的乔木。物种间应生态位互补、上下有层次、左右相连接、根系深浅相错落,并以多年生草本、灌木和中小型乔木树种为主。在选择植被种类时还应充分考虑植被与生态护岸材料的结合性能。

此区域的植物要起到一定的加固和阻碍作用,但较大植物除能弯曲的以外,可能遭受到不可承受的洪水的曳引力。小而密集的植被通过保护、约束作用,可防止冲刷,而根系较深的植物通过加固、支柱作用可大大增加土体的稳定。在复合结构中,可利用根部的锚固作用。

(3)C 亲水景观区

该区段植被相对受水位状况影响较小,是河道景观营造的主要区域。可种植草本、灌木和乔木植被,同时兼顾植被的水土保持性能,宜以易生长的乡土植被为主。物种应丰富多彩,类型多样,适当增加常绿植物比例。

表 6-3 列出了那吉库区常见植被种类(参见《环境影响报告书》,广西壮族自治区环境保护科学研究所,2003 年 4 月),以及在生态护坡工程中常用的植被种类,以供构建那吉库区航道生态护岸植被空间模式参选。

那吉库区生态护岸植被种类　　表 6-3

植被种类	那吉库区常见植被	生态护坡常用植被
木本	竹林,杉木	枫杨、秋华柳
灌木	黄荆,五色梅	迎春花
草本	假杜鹃,飞机草,白茅,莠竹,金发草,胜红蓟,蜈蚣蕨,半边旗	香根草,芦苇,高羊茅,狗牙根,双穗雀稗,马兰,南艾蒿,石菖蒲
水生	菹草,马来眼子草,小眼子草,轮叶黑藻,密齿苦草,从枝蓼,苹	千屈菜、菖蒲,花叶芦竹,萍蓬草、芡实、荇菜,水鳖

第四节　示范工程生态护岸绿色施工

一、生态航道绿色施工

传统施工主要以工期为目标,较少考虑保护环境和节约资源,当工期与保护环境和节约资源发生冲突时,往往不惜以环境的严重破坏(严重污染、破坏植被、地貌等)和资源的极大浪费(拼人力、拼材料、拼设备等)为代价来确保目标的实现[64]。显然,传统施工方式给生态环境带来了巨大的破坏。"绿色施工"这一概念在国外已经由来已久,21 世纪,由国际标准委员会(Internationl Code Council)率先发起,29 名可持续建筑技术委员(SBTC)共同撰写了针对新建与现有商业建筑的《国际绿色施工标准》[65]。国内绿色施工起步较晚,随着环保意识的逐渐加强,人们意识到传统施工所带来的危害,只有实行绿色施工才是当下应有的选择。绿色施工相对于传统施工更加注重对生态环境的保护,对能源材料的节约,集中体现在以下方面:

①节约资源,提高施工效率,降低施工过程中能源的损耗。

②采用生态施工工艺,做到清洁施工。

③使用环保材料,减少施工过程中的环境污染。

④加强施工过程管理,科学合理安排施工进度和方案。

航道的绿色施工是实现生态航道的关键环节。施工意味着要对原有的生态环境进行干预,进行一定量的破坏,是实现生态航道过程中资源消耗、环境破坏最为严重的环节,如何在施工过程中实现生态理念是未来研究的重要方向。绿色施工是一个复杂的技术体系,需要在实施过程中加强监督管理,提高每个施工人员绿色施工的意识。将绿色施工引入生态航道构建过程中,意味着能够促进河流良性、健康、可持续发展。

二、示范工程点绿色施工要点

(1)示范工程点一

护底区为低水位 114.2m 以下回填 $40m^3$ 的毛石垒砌堆叠,正常蓄水位以下采用抛石护底,毛石基础上 114.5m 到高水位 115.0m 为重防护区,采用 500mm × 500mm 两层格宾毛石挡墙结构,格宾网前后插入地基两根 d150mm × 2 500mm 松木桩固定,墙后布置三层土工布,后方回填毛石土方;亲水景观区平坡上种植灌木丛和草皮护坡,斜坡上布置 $150m^2$EM3 型绿色三维土工网垫,上层布置 1:3 草皮护坡(覆土厚 200mm),靠近水边的岸坡上种植水生植物。示范工程点一的另一个断面形式除了格宾毛石结构只采用一层500mm × 500mm 以外,其余结构形式一样。

(2)示范工程点二

低水位 114.2m 以下的护底区采用 $75m^3$ 毛石基础和抛石护底,毛石基础上 114.5m 到高水位 115.0m 为重防护区,采用 500mm × 500mm 两层格宾毛石挡墙结构,格宾网前后插入地基两根 d150mm × 2 500mm 松木桩固定,墙后布置三层土工布,后方回填毛石土方;高水位 115.0m 至机耕路面布置生态袋,生态袋间压种簕篱或柳树枝条,生态袋用方料连接,增加生态袋的整体性,生态袋至路面上种植灌木丛增强护岸景观效应。

三、生态航道绿色施工原则[66]

(1)循环再生原则

为了实现生态效应,主要途径就是可再生循环利用,有效地降低护岸工程的建设成本,在进行护岸工程施工的时候充分使用可再生循环使用材料,充分挖掘资源的价值。施工过程中注意回收建筑垃圾,通过循环利用可再生原则,可以使得生态环境得到切实的保护,变废为宝,既降低工程成本,又间接地保护了生态环境。

(2)物种共生原则

在一定时间、空间有限的生态系统内,物种的数量是恒定的,当进行护岸工程施工时,会使得生态系统和外部环境之间进行物质、能量的交换,这样就可能使得原有的生态环境平衡被打破。所以,施工前要对生态环境现状进行详细的调查,明确其中的指标性物质,做好施工过程中的保护工作,使得工程和自然优势互补,维护生态环境的稳定性,确保生物的多样性,还能够使得护岸施工建设的生产发展得到满足,这样就能够使水运建设优化的积极作用得到发挥。

(3)施工透明原则

施工透明即指施工过程中信息能够准确透明,也指施工过程对外透明。材料和设备等投入是依据施工进度安排的,传统施工中一般定性选择,往往造成资源浪费。绿色施工过程中各项数据信息能够及时更新变化,依据量化数据施工,能够实现资源的高效利用。施工信息对外透明,有利于社会群体对施工过程进行监督,不仅能够减少施工过程中的环境破坏行为,也能提高人们的环保主人公意识。

(4)协调发展原则

在进行护岸工程施工时,想要实现经济、社会和环境效益协调发展这一目标,就必须确保生态系统的平衡,不要打破原有生态环境,造成生态破坏,需通过正确、科学的理念来指导护岸工程的施工,以生态环境保护作为工作的重点,协调好人和自然的关系,实现生态环境保护和工程质量的双丰收。

四、绿色施工过程控制

①为实现生态环境保护与水运工程和谐发展的目标,在生态护岸施工时,尽可能降低施工过程对生态环境的破坏。在护岸工程施工前,明确施工过程中可能出现的环境破坏问题,并制订出科学的施工方案,采用合理的施工计划。

②为强化和落实施工过程中生态保护,在施工前和施工过程中明确相关人员的职责,同时聘请专业人士对整个施工现场进行监测,确保在施工期进行严格的环境监测,做到"早发现早解决",将一切生态破坏行为扼杀在萌芽之中,切实做到生态施工。

③在进行护岸工程施工时,为了减少对环境的破坏,所有物品、材料做到循环使用,坚决抵制浪费行为,尽可能发挥各个物品的最大用处。在选择施工用具时,对各个器械都进行环境评估,尽量减少使用污染较为严重的机械。

④在施工过程中,设立了专用垃圾通道、散灰灌、材料场,将具有破坏性的材料与周围环境隔开,对于一些污染特别严重的材料,设立封闭式存放空间。对于有毒弃物进行严格的处理,严格控制生产和生活污水的排放。

⑤实施环保监理。切实搞好环保工作,进行严格的环保监理,对工程环保工作实施规范性管理。

⑥工程完成后,做好离场工作,将施工用地等尽可能恢复成工程前状态,并聘请专业人士,依据国家相关规定对工程及场地生态环境进行评价,明确工程中的不足,为其他工程的生态施工提供宝贵的经验。

第五节　示范工程生态护岸综合评价

一、指标权重的确定

采用层次分析法与德尔菲法相结合的方法，确定那吉航运枢纽工程各级指标分布及权重。评价体系各级指标见表5-3。根据第五章介绍的方法步骤，得到各层级指标权重如下。

u_i对 $\boldsymbol{U}$ 的权重为：

$$A=[0.4152\quad 0.2451\quad 0.1797\quad 0.0901\quad 0.0449\quad 0.0250]$$

u_j对 u_i的权重分别为：

$$A_1=[0.8333\quad 0.1667]$$

$$A_2=[0.2756\quad 0.4010\quad 0.0426\quad 0.0904\quad 0.1904]$$

$$A_3=[0.5401\quad 0.2746\quad 0.1381\quad 0.0472]$$

$$A_4=[0.5559\quad 0.3537\quad 0.0904]$$

$$A_5=[0.1461\quad 0.0850\quad 0.4440\quad 0.3249]$$

$$A_6=[0.2500\quad 0.7500]$$

二、模糊评价矩阵

采用德尔菲法统计出 u_j层上的每个指标对评语集 $\boldsymbol{V}$ 上每个等级的隶属度，根据统计结果给出隶属度，即可对岸坡绿色生态治理项目进行多层次模糊综合评价，分别对那吉航运枢纽工程整治工程实施前后的原有旧航道和新建生态航道进行多层次模糊综合评价，以期对比生态航道建设的实施效果。

首先采用德尔菲法统计出 u_j层上的每个指标对评语集 $\boldsymbol{V}$ 上每个等级的隶属度，根据统计结果给出隶属度，详见表6-4。

岸坡绿色生态治理综合评价体系各级指标隶属度　　表6-4

目标层(A)	准则层(u_i)	指标层(u_j)	隶属度							
			原有岸坡				新建绿色生态岸坡			
			差	一般	好	很好	差	一般	好	很好
生态航道建设综合评价	岸坡稳定指标(u_1)	岸坡工程稳定性(u_{11})	0.6	0.4	0	0	0	0	0.1	0.9
		坡面侵蚀控制(u_{12})	0.5	0.4	0.1	0	0	0	0.2	0.8
	生态型护岸指标(u_2)	护岸材料生态性(u_{21})	0.8	0.2	0	0	0	0.1	0.2	0.7
		护岸结构透水性(u_{22})	0.8	0.2	0	0	0	0.1	0.1	0.8
		沿岸流速多变性(u_{23})	0.6	0.4	0	0	0	0.2	0.3	0.5
		护岸结构亲水性(u_{24})	0.2	0.8	0	0	0	0.2	0.2	0.6
		方案经济合理性(u_{25})	0	1	0	0	0	0.3	0.3	0.4

续上表

目标层(A)	准则层(u_i)	指标层(u_j)	隶属度							
			原有岸坡				新建绿色生态岸坡			
			差	一般	好	很好	差	一般	好	很好
生态航道建设综合评价	绿色植被指标(u_3)	岸坡植被覆盖率(u_{31})	0.1	0.4	0.3	0.2	0	0.2	0.7	0.1
		植被空间配置合理性(u_{32})	0.1	0.4	0.3	0.2	0	0.3	0.5	0.2
		本土植被种植情况(u_{33})	0.1	0.4	0.3	0.2	0	0.1	0.6	0.3
		植被养护难易程度(u_{34})	0.1	0.4	0.3	0.2	0	0.3	0.4	0.3
	景观水质指标(u_4)	景观美观性(u_{41})	0.1	0.6	0.3	0	0	0.3	0.5	0.2
		景观协调性(u_{42})	0	0.5	0.5	0	0	0.2	0.2	0.6
		航道水质等级(u_{43})	0	0.3	0.3	0.4	0	0.2	0.1	0.7
	生态施工指标(u_5)	施工速度(u_{51})	0	0.2	0.4	0.4	0	0.2	0.5	0.3
		施工对环境的影响(u_{52})	0	0.3	0.5	0.2	0	0.3	0.5	0.2
		施工质量控制难易程度(u_{53})	0	0.2	0.6	0.2	0	0.2	0.6	0.2
		维护施工难易程度(u_{54})	0	0.6	0.2	0.2	0	0.2	0.5	0.3
	管理指标(u_6)	管理组织(u_{61})	0.8	0.2	0	0	0	0.1	0.2	0.7
		管理措施(u_{62})	0.8	0.2	0	0	0	0.1	0.1	0.8

三、原有旧岸坡的模糊综合评价

根据各级指标隶属度，得出模糊评价矩阵 $\boldsymbol{R}$ 如下：

$$\boldsymbol{R}_1=\begin{bmatrix}0.6 & 0.4 & 0 & 0\\0.5 & 0.4 & 0.1 & 0\end{bmatrix},\boldsymbol{R}_2=\begin{bmatrix}0.8 & 0.2 & 0 & 0\\0.8 & 0.2 & 0 & 0\\0.6 & 0.4 & 0 & 0\\0.2 & 0.8 & 0 & 0\\0 & 1 & 0 & 0\end{bmatrix},\boldsymbol{R}_3=\begin{bmatrix}0.1 & 0.4 & 0.3 & 0.2\\0.1 & 0.4 & 0.3 & 0.2\\0.1 & 0.4 & 0.3 & 0.2\\0.1 & 0.4 & 0.3 & 0.2\end{bmatrix},$$

$$\boldsymbol{R}_4=\begin{bmatrix}0.1 & 0.6 & 0.3 & 0\\0 & 0.5 & 0.5 & 0\\0 & 0.3 & 0.3 & 0.4\end{bmatrix},\boldsymbol{R}_5=\begin{bmatrix}0 & 0.2 & 0.4 & 0.4\\0 & 0.3 & 0.5 & 0.2\\0 & 0.2 & 0.6 & 0.2\\0 & 0.6 & 0.2 & 0.2\end{bmatrix},\boldsymbol{R}_6=\begin{bmatrix}0.8 & 0.2 & 0 & 0\\0.8 & 0.2 & 0 & 0\end{bmatrix}$$

准则层评价结果计算如下：

$\boldsymbol{B}_1=\boldsymbol{A}_1\times\boldsymbol{R}_1=[0.583\ 3\quad 0.400\ 0\quad 0.016\ 7\quad 0]$

$\boldsymbol{B}_2=\boldsymbol{A}_2\times\boldsymbol{R}_2=[0.584\ 9\quad 0.415\ 1\quad 0\quad 0]$

$\boldsymbol{B}_3=\boldsymbol{A}_3\times\boldsymbol{R}_3=[0.100\ 0\quad 0.400\ 0\quad 0.300\ 0\quad 0.200\ 0]$

$\boldsymbol{B}_4=\boldsymbol{A}_4\times\boldsymbol{R}_4=[0.055\ 6\quad 0.537\ 5\quad 0.370\ 7\quad 0.036\ 2]$

$\boldsymbol{B}_5=\boldsymbol{A}_5\times\boldsymbol{R}_5=[0\quad 0.338\ 5\quad 0.432\ 3\quad 0.229\ 2]$

$\boldsymbol{B}_6=\boldsymbol{A}_6\times\boldsymbol{R}_6=[0.8000\quad 0.2000\quad 0\quad 0]$

目标层综合评价结果计算如下：

$$\boldsymbol{B}=\boldsymbol{A}\times\boldsymbol{R}=\boldsymbol{A}\times\begin{bmatrix}\boldsymbol{B}_1\\\boldsymbol{B}_2\\\boldsymbol{B}_3\\\boldsymbol{B}_4\\\boldsymbol{B}_5\\\boldsymbol{B}_6\end{bmatrix}=[0.4285\quad 0.4083\quad 0.1136\quad 0.0495]$$

将目标层评价结果进一步量化，设 $\boldsymbol{V}=\{$差，一般，好，很好$\}$ 中四个等级量化值分别为 $v_1=40, v_2=60, v_3=80, v_4=100$，可得评价结果为 $\boldsymbol{BV}^{\mathrm{T}}=\sum_{i=1}^{4}b_iv_i=55.7$ 分。

四、新建绿色生态岸坡的模糊综合评价

根据各级指标隶属度，得出那吉航运枢纽工程新建绿色生态岸坡模糊评价矩阵 $\boldsymbol{R}$ 如下：

$$\boldsymbol{R}_1=\begin{bmatrix}0&0&0.1&0.9\\0&0&0.2&0.8\end{bmatrix},\boldsymbol{R}_2=\begin{bmatrix}0&0.1&0.2&0.7\\0&0.1&0.1&0.8\\0&0.2&0.3&0.5\\0&0.2&0.2&0.6\\0&0.3&0.3&0.4\end{bmatrix},\boldsymbol{R}_3=\begin{bmatrix}0&0.2&0.7&0.1\\0&0.3&0.5&0.2\\0&0.1&0.6&0.3\\0&0.3&0.4&0.3\end{bmatrix}$$

$$\boldsymbol{R}_4=\begin{bmatrix}0&0.3&0.5&0.2\\0&0.2&0.2&0.6\\0&0.2&0.1&0.7\end{bmatrix},\boldsymbol{R}_5=\begin{bmatrix}0&0.2&0.5&0.3\\0&0.3&0.5&0.2\\0&0.2&0.6&0.2\\0&0.2&0.5&0.3\end{bmatrix},\boldsymbol{R}_6=\begin{bmatrix}0&0.1&0.2&0.7\\0&0.1&0.1&0.8\end{bmatrix}$$

准则层评价结果计算如下：

$\boldsymbol{B}_1=\boldsymbol{A}_1\times\boldsymbol{R}_1=[0\quad 0\quad 0.1167\quad 0.8833]$

$\boldsymbol{B}_2=\boldsymbol{A}_2\times\boldsymbol{R}_2=[0\quad 0.1514\quad 0.1832\quad 0.6654]$

$\boldsymbol{B}_3=\boldsymbol{A}_3\times\boldsymbol{R}_3=[0\quad 0.2184\quad 0.6171\quad 0.1645]$

$\boldsymbol{B}_4=\boldsymbol{A}_4\times\boldsymbol{R}_4=[0\quad 0.2556\quad 0.3577\quad 0.3867]$

$\boldsymbol{B}_5=\boldsymbol{A}_5\times\boldsymbol{R}_5=[0\quad 0.2085\quad 0.5444\quad 0.2471]$

$\boldsymbol{B}_6=\boldsymbol{A}_6\times\boldsymbol{R}_6=[0\quad 0.1000\quad 0.1250\quad 0.7750]$

目标层综合评价结果计算如下：

$$\boldsymbol{B}=\boldsymbol{A}\times\boldsymbol{R}=\boldsymbol{A}\times\begin{bmatrix}\boldsymbol{B}_1\\\boldsymbol{B}_2\\\boldsymbol{B}_3\\\boldsymbol{B}_4\\\boldsymbol{B}_5\\\boldsymbol{B}_6\end{bmatrix}=[0\quad 0.1112\quad 0.2640\quad 0.6247]$$

将目标层评价结果进一步量化，设 $\boldsymbol{V}=\{$差，一般，好，很好$\}$中四个等级量化值分别为 $v_1=40$，$v_2=60$，$v_3=80$，$v_4=100$，可得评价结果为 $\boldsymbol{BV}^{\mathrm{T}}=\sum_{i=1}^{4}b_iv_i=90.3$ 分。对那吉晚塘示范工程实施综合评价，结果表明，新建绿色生态航道评价得分远高于旧航道，生态治理工程实施后效果良好。这主要得益于在前期开展河流现状调查，确定了岸坡生态治理的定量目标，主要从岸坡稳定、生态型护岸、绿色植被、景观水质、生态施工及管理6个方面指导那吉晚塘航道岸坡治理工程，明确规划、设计、材料、施工等过程中的生态控制因素，大大降低了航道开发对示范段河流的生态胁迫。本文提出的库区航道岸坡资料方法是一种值得推广的岸坡治理模式。

众所周知，一个科学合理的综合评价体系具有承前启后的作用，正如《论语》有云："一日三省吾身"，一个航道护岸工程完成后也需进行科学的评价。航道生态护岸评价体系将理论和实践紧紧联系在一起：实际工作需要理论的指导，如果盲目进行，不但达不到既定的目标，反而适得其反，只有明确了生态护岸的概念、内涵及指标内容，才知道该怎样进行生态护岸的构建；理论需要实践来检验，实践是检验真理的唯一标准，这就需要通过科学的评价体系来进行评判。所以一套科学的评价体系在整个土质岸坡生态治理过程中具有很重要的实用价值。本文构建的护岸治理综合评价体系从岸坡稳定、生态型护岸、绿色植被、景观水质、生态施工及管理6个指标群出发，对那吉晚塘示范工程进行评价。无论从评价结果，还是现场观察，都可以发现，本文所介绍的库区航道土质岸坡生态治理方法具有很强的实用性，能够从不同角度较为合理地反映生态护岸措施的治理效果，选取的评价指标具有较强的可操作性，也能较为客观地反映生态护岸的实际情况，可以指导以后类似工程的建设。但该套评价技术可能在某些地方还不太成熟，在实际应用的过程中应根据航道的实际情况做相应的调整。

参考文献

[1] 董哲仁．河流健康的内涵[J]．中国水利,2005,4.
[2] 王燕,拾兵．生态河流的研究进展[J]．人民黄河,2010,2.
[3] 姚云鹏,陈芳清,许文年,等．生态河流构建原理与技术[J]．水土保持研究,2007,2.
[4] 李露．浅谈合裕线生态航道建设[J]．中国水运,2013,6.
[5] 顾雪永,董占辉,王美琳．修复和保护近自然生态河流[J]．中国农村水利水电,2009,6.
[6] 许鹏山,许乐华．甘肃省生态航道建设思考[J]．水运工程,2010,9.
[7] 朱晓君．湖区航道维护性疏浚的环保技术措施[J]．水道港口,2008,3.
[8] 朱粮,朱鸣跃．内河船舶造成的水污染及防治[J]．中国航海,2008,3.
[9] 谢月秋．长江中下游河道崩岸机理初析及崩岸治理[D]．工程硕士专业学位论文,2007,6.
[10] 岳红艳,余文畴．长江河道崩岸机理[J]．人民长江,2002,8.
[11] 岳红艳,余文畴．层次分析法在崩岸影响研究中的应用[C]．长江护岸工程(第六届)及堤防防渗工程技术经验交流会,2001.
[12] 徐永年,梁志勇,王向东．长江九江河段河床演变与崩岸问题研究[J]．泥沙研究,2001,4.
[13] 马海顺．长江六合好大窝崩的原因与治理意见[J]．安徽水利科技,1990,2.
[14] 唐日长,贡炳生,等．荆江大堤护岸工程初步分析研究[A]．长江河道研究成果汇编[C],1987,11.
[15] 王家云,董光林．安徽省长江护岸损坏及崩岸原因分析[J]．水利管理技术,1998,1
[16] 吴玉华,苏爱军,等．江西省鼓泽县马湖堤崩岸原因分析[J]．人民长江,1997,4.
[17] 长江水利水电科学研究院．长江中下游护岸工程论文集(第三集)[C]. 1985,9.
[18] 冷魁．长江中下游窝崩形成条件及防护措施初步研究[J]．水利科学进展,1993,4.
[19] 李宝璋,浅谈长江南京河段窝崩成因及防护[J]．人民长江,1992. 23.
[20] 黄本胜,李思平,等．冲积河流岸滩的稳定性计算模型初步研究[J]．河流模拟理论与实践,1998,10.
[21] Simons D B, Run-ming li. Band Erosion on regulated rivers. Gravel-bed rivers[J]. 1982.
[22] Millar R G, QuiekM C. Effect of bank stability on geometry of gravel rivers[J]. J. Hydr. ASCE,1993,12.
[23] 王路军．长江中下游崩岸机理的大型室内试验研究[D]．河海大学,2005.
[24] 王延贵．冲积河流岸滩崩塌机理的理论分析和实验研究[D]．中国水利水电科学研究院,2003.
[25] 马崇武,刘忠玉,苗天德,等．江河水位升降对堤岸边坡稳定性的影响[J]．兰州大学学报,2000,3.
[26] 胡正选．汉江中下游崩岸及整治措施[J]．水利管理技术,1997,5.
[27] 王永．长江安徽段崩岸的原因和治理措施分析[J]．人民长江,1999,10.

[28] 吴至广．湖北荆南长江干堤加固工程中的崩岸治理研究[J]．水利水电快报,1999,22.
[29] 张玮,等．苏南水网地区生态航道建设关键技术研究报告[R]．研究报告,2011,8.
[30] 刘万利,李旺生,李一兵,等．长江中游戴家洲河段崩岸特性及护岸措施研究[J]．水道港口, 2013,2.
[31] 钟春欣,张玮．传统型护岸与生态型护岸[A].2004 年全国博士生学术论坛(河海大学)论文集[C]．河海大学出版社,2004.
[32] 蒋千．中国内河建设中的生态护岸[A]．“德中同行”航道生态护岸研讨会[C]．武汉,2009,10.
[33] 长江水利委员会,长江中下游护岸工程 40 年[A]．长江中下游护岸工程论文集[C]．水利部长江水员会,1990.
[34] 欧阳履泰,王强,陈敏．长江中下游干流河道崩岸治理[J]．人民长江,2000,31.
[35] 董哲仁．水利工程对生态系统的胁迫[J]．水利水电技术,2003,7.
[36] 雷纳尔德·索耶奥克斯．德国的内河水路—航运岸坡加固的必要性和设计[A]．“德中同行”航道生态护岸研讨会[C]．武汉,2009.
[37] 许士国,高永敏,刘盈斐．现代河道规划设计与治理[M]．北京:中国水利水电出版社,2006.
[38] Thyy V, Sobey I, Truong P. Canal and river bank stabilization for protection against flash flood and sea water intrusion in central Vietnam Cantho City[J]. Cantho Press, 2006,2.
[39] Andy G. Coir Rolls Combat bank erosion on monmouthshire & brecon Canal[J]. British Waterways,2005,6.
[40] 史云霞,陈一梅．国内外内河航道护岸型式及发展趋势[J]．水道港口,2007,4.
[41] European Parliament. Waterways of tomorrow[EB/OL]. http://www. ebu-uenf. org, 2003.
[42] 淮安市京杭运河两淮段整治工程建设办公室．生态型护坡在京杭运河两淮段整治工程中的应用研究[R]. 2008.
[43] 湖嘉申航道建设工程指挥部．内河航道生态型护岸研究[R]．湖州市港航管理局,浙江省港航管理局,2007.
[44] 扬州市航道管理处．扬州市航道驳岸技术与生态景观结合应用研究[R]．扬州,2008.
[45] 东南大学港航研究所．盐河航道整治工程生态环境型护岸研究[R]．南京,2009.
[46] 肖衡林,王钊．三维土工网垫设计指标的研究[J]．岩土力学,2004,11.
[47] 石笼生态材料简介[EB/OL]. http://www. maccaferri-china. com.
[48] 绿霸生态袋材料简介[EB/OL]. http://www. wxtf. cn/xtjs 21. htm.
[49] 何卫华．杭州市区河道生态护岸形式研究[J]．浙江建筑,2007,12.
[50] 汪洋,周明耀,赵瑞龙,等．城镇河道生态护坡技术的研究现状与展望[J]．中国水土保持学报,2005,1.
[51] 江高．模糊层次综合评价法及其应用[D]．天津大学,2005.
[52] 吴丽萍．模糊综合评价方法及其应用研究[D]．太原理工大学,2006.
[53] 赵春兰．模糊因子综合评价法研究[D]．西南石油大学,2006.
[54] 陈衍泰,陈国宏,李美娟．综合评价方法分类及研究进展[J]．管理科学学报．2004,2.

[55] 熊德国,鲜学福. 模糊综合评价方法的改进[J]. 重庆大学学报(自然科学版). 2003,6.
[56] 张彦举. 系统评价方法的比较研究[D]. 河海大学,2005.
[57] 张辉,高德利. 基于模糊数学和灰色理论的多层次综合评价方法及其应用[J]. 数学的实践与认识,2008,3.
[58] 骆正清,杨善林. 层次分析法中几种标度的比较[J]. 系统工程理论与实践. 2004,9.
[59] 朱建军. 层次分析法的若干问题研究及应用[D]. 东北大学,2005.
[60] 兰继斌. 关于层次分析法优先权重及模糊多属性决策问题研究[D]. 西南交通大学,2006.
[61] 李孝坤. 我国可持续发展评价指标体系研究现状与趋势[A]. 中国区域经济学学术研讨会论文集[C]. 2004.
[62] 徐泽水. 关于层次分析中几种标度的模拟评估[J]. 系统工程理论与实践. 2000,7.
[63] 杜栋. 论 AHP 的标度评价[J]. 运筹与管理,2000,4.
[64] 熊艳. 高等级公路绿色施工评价研究[D]. 长沙理工大学,2013.
[65] ICC makes rapid progress on International Green Construction Code [EB/OL]. http://www.annarbor.com/business-review/icc-makes-rapid-progress-on-international-green-building-code/. 2010.
[66] 黄连. 水利工程施工中生态工程施工的探讨[J]. 黑龙江水利科技,2014,8.